高职高专计算机系列规划教材

全国高职高专计算机立体化系列规划教材

嵌入式C程序设计

主　编　冯　刚　蔡冬玲
　　　　万　兵　周继松
副主编　沈　洋　朱　磊　李天祥

北京大学出版社
PEKING UNIVERSITY PRESS

内 容 简 介

本书是重庆市级精品课程的配套教材。本书针对高职高专和应用型本科教育的特点，以独特的教学设计和先进的开发平台展开C程序设计的教学与实践，将企业软件项目开发流程、规范、岗位技能传授给学生，培养岗位工作能力。全书分为基础知识、基础项目、应用项目、拓展项目4个部分，共18章。基础知识部分（第1～8章）将C程序设计的主要知识及基本算法贯穿于8个学习情境中，并在知识讲解过程中强调编程规范。从基础项目部分开始，以可编程智能小车及其软硬件开发平台为载体展开实践教学，以嵌入式软件开发的工作过程来组织教学内容。基础项目部分（第9～13章）包含5个项目，重在培养编程思维和基本的软件项目开发能力。应用项目部分（第14～17章）包含4个应用开发项目，重在培养软件项目开发能力、软件文档撰写能力、产品测试能力和岗位协同工作能力。拓展项目部分（第18章）以市场需求为导向，指导学生提出改进或创新的产品设计方案并加以实施。

本书可作为计算机类、电子信息类专业的高职高专及应用型本科的教材，也可作为从事计算机应用开发、电子产品设计的工程技术人员的自学参考书。

图书在版编目(CIP)数据

嵌入式C程序设计/冯刚等主编．—北京：北京大学出版社，2012.1

(全国高职高专计算机立体化系列规划教材)

ISBN 978-7-301-19890-2

Ⅰ.①嵌… Ⅱ.①冯… Ⅲ.①C语言—程序设计—高等职业教育—教材 Ⅳ.①TP312

中国版本图书馆CIP数据核字(2011)第257627号

书　　名：嵌入式C程序设计

著作责任者：冯　刚　蔡冬玲　万　兵　周继松　主编

策 划 编 辑：李彦红　刘国明

责 任 编 辑：李彦红

标 准 书 号：ISBN 978-7-301-19890-2/TP・1202

出　版　者：北京大学出版社

地　　址：北京市海淀区成府路205号　100871

网　　址：http://www.pup.cn　http://www.pup6.cn

电　　话：邮购部62752015　发行部62750672　编辑部62750667　出版部62754962

电 子 邮 箱：pup_6@163.com

印　刷　者：北京京华虎彩印刷有限公司

发　行　者：北京大学出版社

经　销　者：新华书店

787mm×1092mm　16开本　15印张　348千字

2012年1月第1版　2016年8月第3次印刷

定　　价：29.00元

前　　言

高职高专和应用型本科的教学，在传授知识技能的同时，更要注重岗位工作流程、规范、行业标准及职业素养方面的训练。

本书不仅介绍 C 程序设计的一般方法，还将企业软件项目开发的流程、规范、岗位技能传授给学生，培养岗位工作能力。本书面向嵌入式软件项目开发，以解决实际应用问题为目标，按项目需求分析、系统设计、模块划分、模块设计、算法设计与编程调试、软件测试分析与故障排除、项目验收的流程展开教学，通过需求管理员、系统设计员、模块设计员、程序员和测试员等岗位角色扮演和团队式训练来组织教学，培养学生的产品开发能力、团队协作能力和就业上岗能力。

本书以可编程智能小车为 C 程序设计实践教学平台，将 C 语言编程技术与智能电子产品软件设计紧密结合。

本书提出的教学模式和教学手段，在国内现有的 C 程序设计类课程教学中是一个创新。

本书共分 18 章，其主要内容如下：

第 1～8 章为基础知识部分，包括物品寄存问题、计算问题、启箱择器问题、条件判断问题、累计问题、模块化问题、毒酒测试问题和访存问题 8 个学习情境。每个学习情境的教学内容都由趣味案例来引导，按照问题引入、解决问题的方法描述、问题拓展、知识扩充的顺序，将同类问题的程序设计知识贯穿其中，使学生能进行程序设计和较简单的算法设计，能具备程序员岗位的基础能力。

第 9～13 章为基础项目部分，包括灯光控制、行驶控制、光感控制、里程控制、触碰控制 5 个项目。每个项目都按照嵌入式软件模块开发流程组织教学，包括任务下达、必要知识讲解、硬件测试、模块设计、编程与调试、模块测试等，使学生具备软件模块开发能力、基本的文档写作能力和模块测试能力，以满足后续项目开发中模块设计员、程序员和测试员的岗位技能要求。

第 14～17 章为应用项目部分，包括音乐彩灯、小车舞蹈、迷宫机器人、智能清障 4 个应用项目。每个项目都按照企业嵌入式软件开发流程来组织教学，包括需求搜集与分析、需求评审与确认、概要设计、硬件测试、详细设计、编程与调试、软件测试等，使学生具备一定的嵌入式软件完整项目开发能力。

第 18 章为拓展项目部分，由教师指导学生根据市场和用户的需求，提出改进或创新的产品设计方案并完成项目开发。

本书由重庆科创职业学院冯刚、蔡冬玲、万兵、周继松担任主编，大连职业技术学院沈洋、河南推拿职业学院朱磊和四川科技职业学院李天祥担任副主编。

由于作者水平有限，书中疏漏之处在所难免，恳请读者批评和指正。

编　者
2011 年 8 月

目　　录

第1章 物品寄存问题

教学目标

通过本章的学习，使学生能使用变量和结构体进行最简单的顺序结构程序设计。

教学要求

知识要点	能力要求	关联知识
主函数	(1) 掌握主函数基本结构 (2) 能在20秒以内完成主函数基本结构输入	主函数名 main 空类型 void return 语句
数据类型	掌握 char、unsigned char、short、unsigned short、int、unsigned int、long、unsigned long、bool 9种数据类型	9种数据类型的取值范围
变量	掌握变量的用法	变量命名基本规则 变量命名规范 变量类型声明 赋值运算符
结构体	了解结构体的用法	结构体类型定义 结构体变量定义 结构体成员赋值
C-Free5 软件	掌握 C-Free5 编程软件的安装与使用	C-Free5 安装 建立控制台工程

重点难点

- ✧ 数据类型取值范围
- ✧ 变量声明与赋值
- ✧ 结构体类型定义

请思考一个简单的问题，如图 1.1 所示。

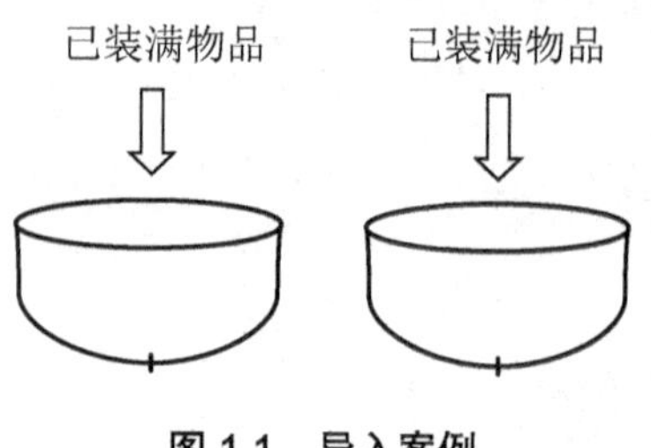

图 1.1　导入案例

假设有两个同样大小的容器，两个容器中都已装满了物品(两个容器中的物品不同，你可以将它们想象成是一碗酱油和一碗醋)。要求人只能碰容器而不能碰容器中的物品，将两个容器中的物品相互交换(原本盛酱油的容器盛醋，原本盛醋的容器盛酱油)。

一般会采用这种解决方法：另取一个新容器，首先把左边容器中的物品放入新容器中，再次把右边容器中物品放入左边容器中，最后把新容器中物品放入右边容器中。

以上方法是正确的，但计算机却不能照此方法去交换容器内物品，因为计算机不能理解人的意图。要让计算机按照人的意图去处理问题，必须先将人的意图转换成计算机认识的语言。C 语言就是计算机认识的一种语言。本章主要介绍如何用 C 语言来描述物品交换的方法。

1.1　主函数结构

1. 认识 4 个英文词语

integer 译为“整数”，在 C 程序中缩写为 int，称为整数类型(简称整型)。

main 译为“主体部分”，C 程序的主体部分称为主函数，main 被用做主函数的名称。

void 译为“空白”，C 程序中称为空类型。

return 译为“返回”，写在主函数的末尾，用于表示程序结束。

2. 主函数基本结构

C 程序主函数的基本结构为：

```
1  int main(void)
2  {
3
4        return 0;
5  }
```

主函数第 1 行由 int、main 和(void)3 部分组成，int 和 main 之间用空格分开。main 是主函数的名称。函数名称左边的文字用于表示函数结束时返回值的类型。因主函数内最后一个语句 return 0 要返回的数是 0，0 是整数，所以 main 左边写为 int。函数名称 main 右边的部分必须用一对圆括号括起来，括号内写参数的类型和名称(关于参数的知识，将在第 6 章介绍，初学者不必提前阅读)。因主函数不需要参数，因此写为 void。

第 2 行和第 5 行是一对花括号，它们将函数体(函数的内容)括起来。

第 3 行是程序的核心，用于书写程序的功能语句。编程者需要计算机做什么事，就把自己的想法写成 C 语言语句，置于此处。此处的篇幅根据程序需要而变化。

第 4 行 return 0 语句意为“将 0 返回给操作系统”，表示程序结束并正常退出。

程序书写规范： C 程序严格区分英文大小写字母；主函数的第 1 行顶格，int 和 main 两部分之间用空格隔开；第 2 行和第 5 行的括号顶格(同一对花括号竖直对齐)；花括号内的语句以花括号为基准右缩进 4 个空格；程序语句以分号结尾；一行仅书写一条语句；return 0 语句中，return 与 0 之间有一个空格。

课堂练习 1：在计算机的记事本中进行输入练习，20 秒内完成主函数基本结构的输入。

1.2　容器命名及物品放入

认识了 C 程序主函数基本结构之后，本节继续分析图 1.1 中物品交换的问题。

前文提到的解决方法是“另取一个新容器，先把左边容器中的物品放入新容器中，再把右边容器中物品放入左边容器中，最后把新容器中物品放入右边容器中”。方法虽正确，但“左边容器”、“右边容器”等词语会让听者感到不明确。若将此方法传达给计算机，计算机也不知道孰左孰右。为了使得方法的描述更清晰，应该给容器命名。

1. 容器命名

给每一个容器命名，能使描述语言或文字更容易被人理解，也能被计算机接受。

容器的名称可以由英文字母、数字和下划线组成，不能以数字开头，不能与表 1-1 中的关键字同名。

表 1-1　C 语言关键字

auto	break	case	char	const	continue	default	do
double	else	enum	extern	float	for	goto	if
int	long	register	return	short	signed	sizeof	static
struct	switch	typedef	unsigned	union	void	volatile	while

例如，将图 1.1 中左侧容器命名为 iCup1，右侧容器取名为 iCup2，如图 1.2 所示。

容器命名后，交换容器内物品的方法可描述为：另取一个新容器，命名为 iCup3(其他符合命名规则的名称也可)，先将 iCup1 内物品放入 iCup3 中，再将 iCup2 中物品放入 iCup1 中，最后将 iCup3 中物品放入 iCup2 中。

学习怎样描述一个问题，最终目的是让计算机能理解人的意图。现在，计算机已经能明白 iCup1、iCup2 等文字的含义了，但怎么将 iCup2 中物品放入 iCup1 中呢，动作“放入”如何表达？

2. “放入”的表达

在 C 程序中，动作“放入”用等号“=”来表示。其含义为将“=”右侧的物品(或右侧容器中的物品)放入“=”左侧的容器中，如图 1.3 所示。

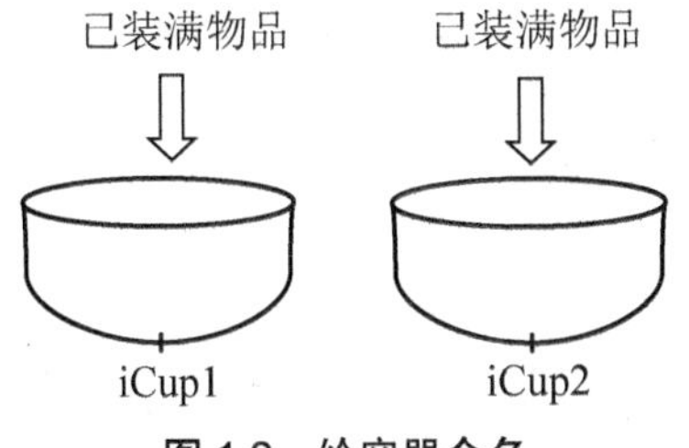

图 1.2　给容器命名

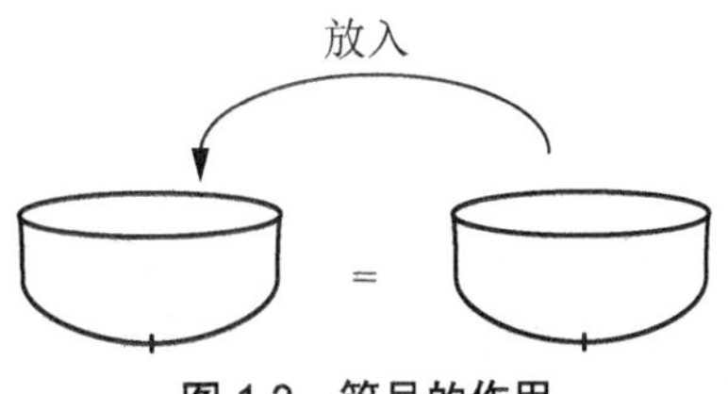

图 1.3　等号的作用

程序书写规范：等号左右各空一格。

【例 1.1】将容器 iY 中的物品放入容器 iX 中，用语句描述为：

```
iX = iY;
```

至此，交换容器中物品的方法可描述为以下 3 条语句：

```
iCup3 = iCup1;
iCup1 = iCup2;
iCup2 = iCup3;
```

将这 3 条语句置于主函数中 return 语句前，就形成了 C 程序(但还不完整)：

```
int main (void)
{
    iCup3 = iCup1;
    iCup1 = iCup2;
    iCup2 = iCup3;
    return 0;
}
```

课堂练习 2：有 5 个容器，如图 1.4 所示，容器名分别为 nBowl_A、nBowl_B、nBowl_C、nBowl_D、nBowl_E，均已装满物品，将容器中物品按箭头所示进行交换。

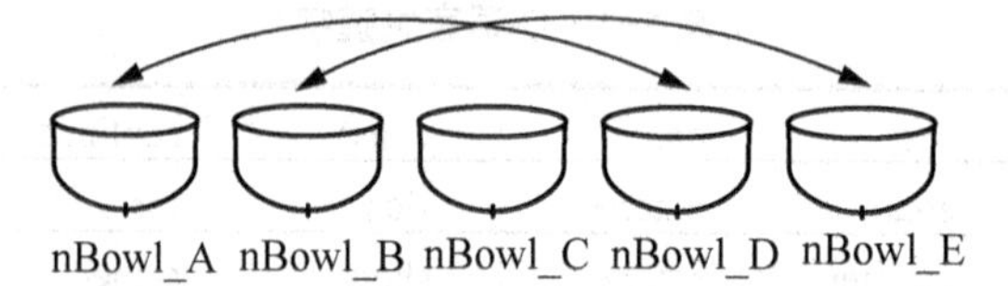

图 1.4　交换 5 个容器

前文多次提到容器中装有物品，计算机的容器中究竟装着什么物品呢？答案：数据。

【例 1.2】把数据 98 放入容器 cTemp 中，用语句描述为以下句式。

```
cTemp = 98;
```

课堂练习 3：先将数据 10、20、30、40 分别放入容器 nBowl_A、nBowl_B、nBowl_C、nBowl_D 中，再按图 1.5 箭头所示进行数据交换，写出程序。

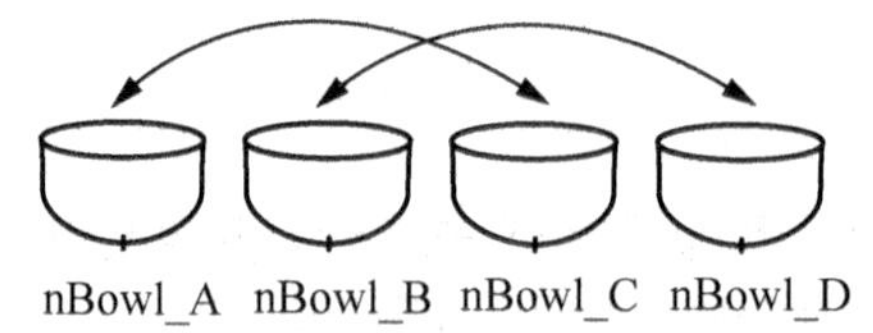

图 1.5　数据交换

1.3　常用容器及刻度

在介绍常用容器之前，先介绍两个英文词语：

character 译为“字符”，是字母与符号的总称，C 程序中缩写为 char，称为字符类型(简称字符型)。

unsigned 译为“无符号的”，表示没有正负符号。

另一个词语 integer 曾在 1.1.1 节介绍，缩写为 int，称为整型。

1. 一对小号容器

有一对小号容器，如图 1.6 所示。

第一个容器的类型为“无符号字符型”，第二个容器的类型为“有符号字符型”(简称“字符型”)。两个容器的容量相等。

第二个容器看似沙漏，沙漏的上下两部分容量相等，都能存放数据，第一个容器看似半个沙漏。

许多读者见过烧杯、试管等带有刻度线的容器。刻度线能反映容器的容量。图 1.6 中的两种容器也有刻度线，其中零刻度线在容器内径最小的位置(即容器上最细的位置)。

unsigned char 类型的容器，刻度最低为 0，最高为 255，该容器可以装入范围为 0～255 的整数，包括 0 和 255，共 256 个可能的数值。

char 类型的容器，零刻度线在容器中部，零刻度线以上的刻度为正数，零刻度线以下的刻度为负数。该类型容器上下两部分容量相等，并且与 unsigned char 类型一样能包含 256 种数值，故刻度最低为-128，最高为+127。容器可以装入范围为-128～+127 的整数。

2. 一对中号容器

有一对中号容器，如图 1.7 所示。

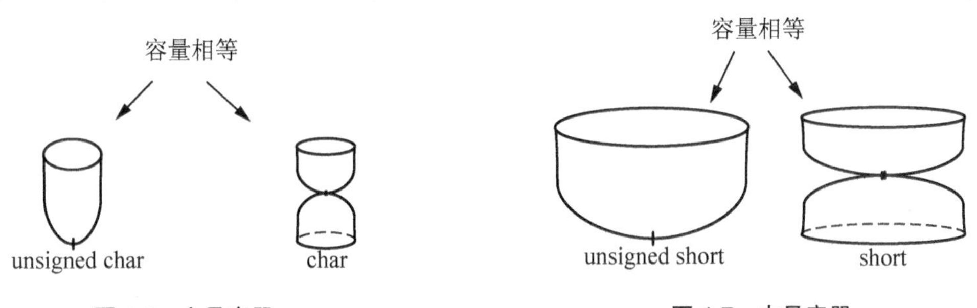

图 1.6　小号容器　　　　图 1.7　中号容器

第一个容器的类型为“无符号短型”，第二个容器的类型为“有符号短型”(简称“短型”)。两个容器的容量相等。

unsigned short 类型的容器，刻度最低为 0，最高为 65535，该容器可以装入范围为 0～65535 的整数，包括 0 和 65535，共 65536 个可能的数值。

short 类型的容器，零刻度线在容器中部，零刻度线以上的刻度为正数，零刻度线以下的刻度为负数。该类型容器上下两部分容量相等，并且与 unsigned short 类型一样能包含 65536 种取值，故刻度最低为-32768，最高为+32767。容器可以装入范围为-32768～+32767 的整数。

3. 两对大号容器

有两对大号容器，如图 1.8 所示。

第一个容器的类型为“无符号整型”，第二个容器的类型为“有符号整型”(简称“整型”)，第三个容器的类型为“无符号长型”，第四个容器的类型为“有符号长型”(简称“长型”)。这四个容器的容量相等。

unsigned int 类型和 unsigned long 类型的容器，刻度最低为 0，最高为 4294976295，该容器

可以装入范围为 0～4294976295 的整数，包括 0 和 4294976295，共 4294976296 个可能的数值。

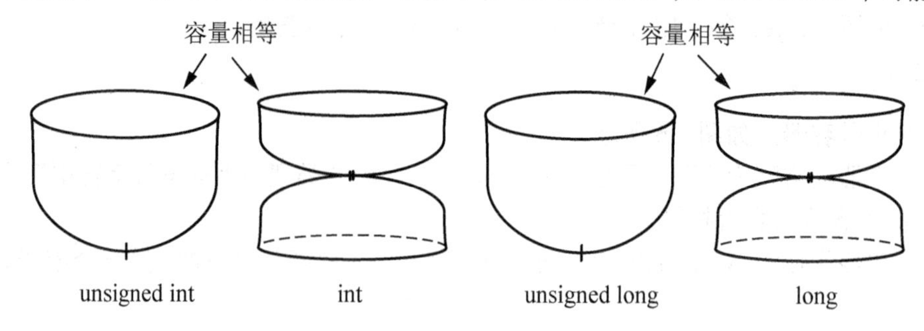

图 1.8　大号容器

int 类型和 long 类型的容器，零刻度线在容器中部，上下两部分容量相等，并且与 unsigned int 及 unsigned long 类型一样能包含 4294976296 种取值，故刻度最低为-2147483648，最高为+2147483647，可以装入范围为-2147483648～+2147483647 的整数。

4. 一种最小号容器

C 语言中最小号的容器，如图 1.9 所示。

图 1.9　最小号容器

这种容器的类型为“布尔型”，只能装入 0 和 1 两个数。它允许将 1 表示为 true(真)，将 0 表示为 false(假)。

【例 1.3】 若 bCup 是一个布尔类型的容器，以下两条语句都是将 1 装入 bCup 中：

```
bCup = 1;
bCup = true;
```

以下两条语句都是将 0 装入 bCup 中：

```
bCup = 0;
bCup = false;
```

表 1-2 列出了本节所介绍的 9 种容器类型占用内存空间的情况和取值范围。

表 1-2　各类整数数据的长度及取值范围

数据类型	占用的存储空间	取值范围
unsigned char	1 个字节	0～255
char	1 个字节	-128～+127
unsigned short	2 个字节	0～65535
short	2 个字节	-32768～+32767
unsigned int	4 个字节	0～4294976295
int	4 个字节	-2147483648～+2147483647
unsigned long	4 个字节	0～4294976295
long	4 个字节	-2147483648～+2147483647
bool	1 个字节	0、1

> **思考 1**：要将数据 500 放入容器 h 中，h 应为哪种类型？
> A. unsigned char　　B. char　　C. unsigned int　　D. int

1.4 容器的使用规定

C 语言规定，容器在使用前，必须先说明(声明)容器的类型。形式为：

类型 容器名

【例 1.4】把数据 100 放入容器 iNum 中。iNum 可以是除 bool 类型外其他任意一种类型，若选用 int 类型，语句为：

```
int iNum;
iNum = 100;
```

将这两个语句置于主函数 return 语句前，则形成了一个完整的 C 程序：

```
int main (void)
{
    int iNum ;
    iNum = 100;
    return 0;
}
```

注意：

程序中涉及多个容器时，先声明每一个容器的类型，再对容器进行操作。

【例 1.5】把数据 100 和 150 分别放入容器 iNum1 和 iNum2 中。

因容量限制，容器 iNum1 不能选用 bool 类型，iNum2 不能选用 bool 和 char 类型，程序为：

```
int main (void)
{
    int iNum1;
    int iNum2;
    iNum1 = 100;
    iNum2 = 150;
    return 0;
}
```

课堂练习 4：将数据 100、300 分别放入两个变量中，再把两个变量内数据互换，写出程序。

1.5 容器箱

C 语言还允许使用一种特殊的容器：容器箱。它是“装容器的容器”，任何容器都可以放在容器箱中，如图 1.10 所示。

容器箱可装容器，容器并不是必须放在容器箱中，容器可单独使用。数据只能放在容器中而不能直接放在容器箱中。

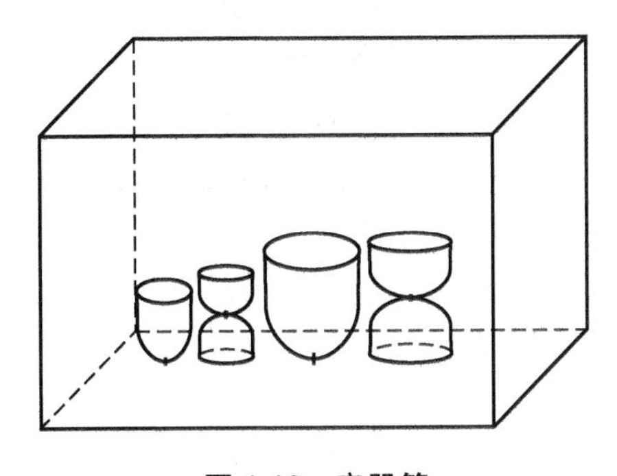

图 1.10 容器箱

1. 设计容器箱类型

前面讲到的 9 种容器，容器的类型是 C 语言规定的，我们只能根据需要选用某种类型的容器，而容器箱的类型却可以由我们自己设计。设计容器箱的类型时，可以规定这种类型容器箱内的容器个数和每个容器的类型。

容器箱的类型，按这种形式设计：

1	**struct　容器箱类型名**
2	**{**
3	**箱内容器**
4	**};**

设计容器箱的类型，以 struct 开头，它与容器箱类型名之间用空格隔开，容器箱类型名由编程者规定。容器箱内各个容器的类型和名称写在花括号内。容器箱内的容器可以是相同类型，但不能是相同名称。

注意：

第 4 行的分号不能省略。

【例 1.6】 设计一种容器箱类型，使这种类型的容器箱能容纳 2 个容器，这两个容器都能装入 0～100 的整数。

```
struct Box
{
    char cNum1;
    unsigned char byNum2;
};
```

语句设计了容器箱类型 Box，该类型的容器箱内装有两个容器，一个是 char 类型的容器，容器名为 cNum1，另一个是 unsigned char 类型的容器，容器名为 byNum2。

课堂练习 5： 设计一种容器箱类型，使这种类型的容器箱能容纳 3 个容器，这 3 个容器都能装入-500～-1000 的整数。

2. 定义容器箱

编程人员设计容器箱类型，就像服装设计师设计服装款式一样，是概念上的行为。服装设计师用图来设计服装，设计图完成了并不等于就做出了服装，必须按照设计图生产加工才能得到服装实体。同理，容器箱类型设计完成了并不等于就有了容器箱，必须按照容器箱类型定义容器箱才能得到实体。

定义容器箱的常用形式为：

```
struct  容器箱类型  容器箱名;
```

【例 1.7】 设计一种容器箱类型，使这种类型的容器箱能容纳 2 个容器，这两个容器都能装入 0～100 的整数，按照该类型定义两个容器箱实体。

```
struct Box
{
    char cNum1;
    unsigned char byNum2;
```

```
};
struct Box tEntity1;
struct Box tEntity2;
```

在设计了容器箱类型后，按照这种类型，定义了两个容器箱，容器箱名称分别是 tEntity1 和 tEntity2。

课堂练习 6：设计一种容器箱类型，使这种类型的容器箱能容纳 3 个容器，这 3 个容器都能装入-1000～-500 的整数，按照该类型定义两个容器箱实体。

3. 使用容器箱

使用容器箱，实际是使用容器箱内的容器，将数据装入箱内容器中。

使用独立存在的容器，可以直接写出容器名称；而使用容器箱内的容器，则采用以下形式。

容器箱名.箱内容器名

【例 1.8】将数据 50 放入容器箱 tEntity1 内容器 cNum1 中，语句为：

```
tEntity1.cNum1 = 50;
```

【例 1.9】编程，设计容器箱类型，该类型容器箱可容纳 2 个容器。定义一个容器箱，给容器箱内的两个容器分别装入数据 50 和 100，再将这两个容器内数据互换。

```
int main (void)
{
    char cTemp;                          // 声明容器 cTemp 的类型
    struct Box                           // 设计容器箱类型
    {
        char cx;
        char cy;
    };
    struct Box tEntity;                  // 定义容器箱，容器箱名称 tEntity
    tEntity.cx = 50;                     // 将 50 放入容器箱 tEntity 内的容器 cx 中
    tEntity.cy = 100;                    // 将 100 放入容器箱 tEntity 内的容器 cy 中
    cTemp = tEntity.cx;                  // 交换容器箱 tEntity 内两个容器中的数据
    tEntity.cx = tEntity.cy;
    tEntity.cy = cTemp;
    return 0;
}
```

程序中，cx 和 cy 是容器箱内的容器，使用它们时必须加上容器箱名作为前缀。而 cTemp 是一个独立的容器，在声明了它的类型后便可进行使用。

课堂练习 7：编程，设计容器箱类型，该类型容器箱可容纳 2 个容器。定义两个容器箱，给每个容器箱内的任意一个容器装入数据，再将这两个装有数据的容器内容互换。

1.6　变量命名规范(一)

本章为便于初学者理解，多次使用“容器”和“容器箱”两个词语。实际上，在 C 语言程序中，容器被称为“变量”，例如，容器 iNum 称为“变量 iNum”；容器箱被称为“结构体”，例如，容器箱 tEntity 称为“结构体 tEntity”；容器箱内的容器，往往被称为“成员”，例如，结构体 tEntity 内的变量 cx 称为“结构体 tEntity 的成员 cx”。前文多次提到等号“=”的作用为“放入”或“装入”，实际在C语言中，等号“=”的作用通常被称为“赋值”，例如“iNum = 5”称为“将 iNum 赋值为 5”或“将 5 赋值给 iNum”。

匈牙利命名法是一种编程时的命名规范。这种命名法是一位叫 Charles Simonyi 的匈牙利程序员发明的，后来他在微软工作了几年，于是这种命名法就通过微软的各种产品和文档资料向世界传播开了。现在，大部分程序员不管自己使用什么软件进行开发，或多或少都使用了这种命名法。匈牙利命名法的出发点是：根据类型加前缀，用英文词语或词语的缩写描述变量作用，词语首字母大写。该命名法使程序阅读者对变量的类型和其他属性有直观的了解。表 1-3 仅列举出本章所介绍的 9 种类型变量和结构体的命名规范，更多命名规范见附录 C。

表 1-3　匈牙利命名法(一)

数据类型	前　缀	举　例
unsigned char	uc 或 by	unsigned char ucFlag; unsigned char byFlag;
char	c	char cCh;
unsigned short	w	unsigned short wYear;
short	n	short nStepCount;
unsigned int	u	unsigned int uNum;
int	i	int iTemp;
unsigned long	ul 或 dw	unsigned long ulResult; unsigned long dwResult;
long	l	long lSum;
bool	b	bool bIsAlpha;
结构体	t	struct Date tMyBirthday;

1.7　实作：C-Free5 安装与使用

C-Free5 是一款基于 Windows 的 C/C++集成化开发软件。利用该软件，使用者可以轻松地编辑、编译、连接、运行、调试 C/C++程序，这款软件操作简单，非常适合 C/C++的初学者，容易使用。读者可从网站 http://www.programarts.com 下载软件。本节介绍 C-Free5 的安装和使用步骤，请读者按步骤进行操作。

1. C-Free5 安装

(1) 打开 C-Free5 安装程序，会出现安装向导欢迎界面如图 1.11 所示，单击【下一步】按钮。

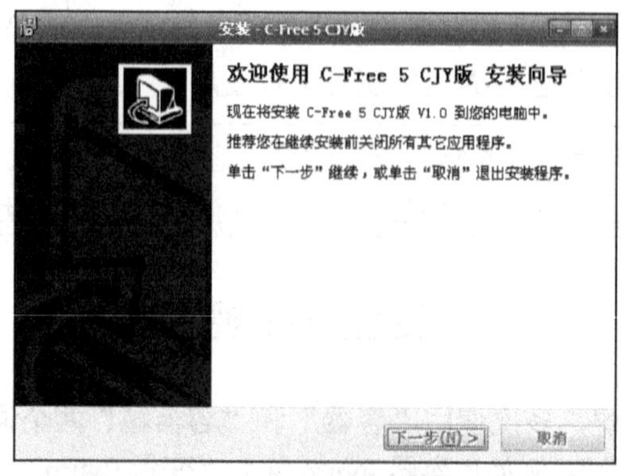

图 1.11　C-Free5 安装向导欢迎界面

(2) 如图 1.12 所示，在许可协议下方选中【我同意此协议】单选按钮，单击【下一步】按钮。

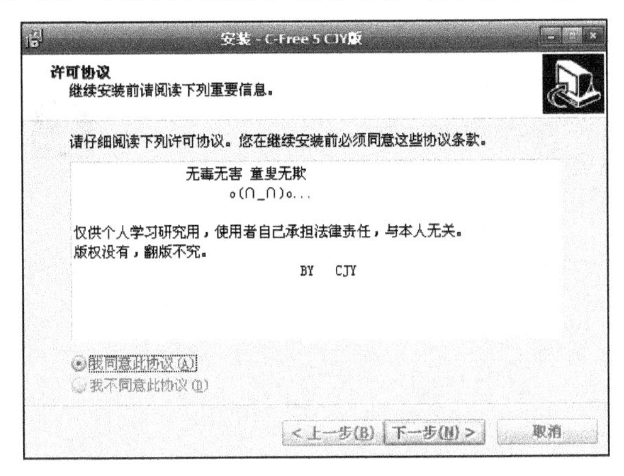

图 1.12　C-Free5 使用许可协议界面

(3) 如图 1.13 所示，在新增功能信息下方，单击【下一步】按钮。

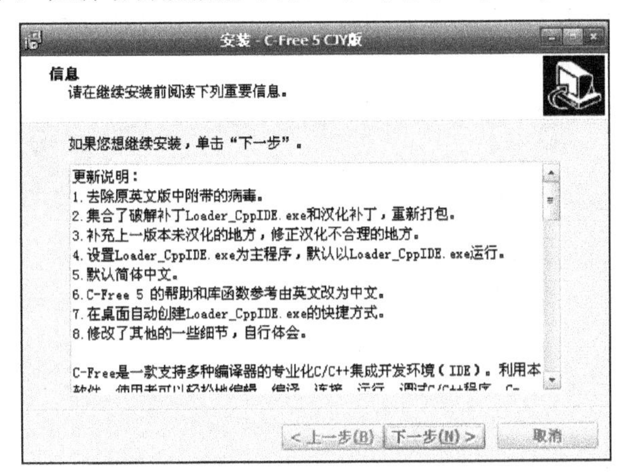

图 1.13　软件新增功能信息提示界面

(4) 如图 1.14 所示，可通过单击【浏览】按钮设定 C-Free5 的安装路径。设定后，单击【下一步】按钮。

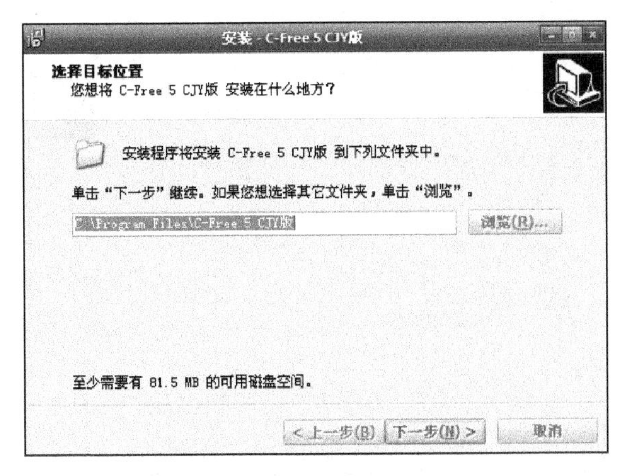

图 1.14　软件安装路径设置界面

(5) 不须修改软件快捷方式的创建位置，直接在选择开始菜单文件夹的界面上，单击【下一步】按钮，如图 1.15 所示。

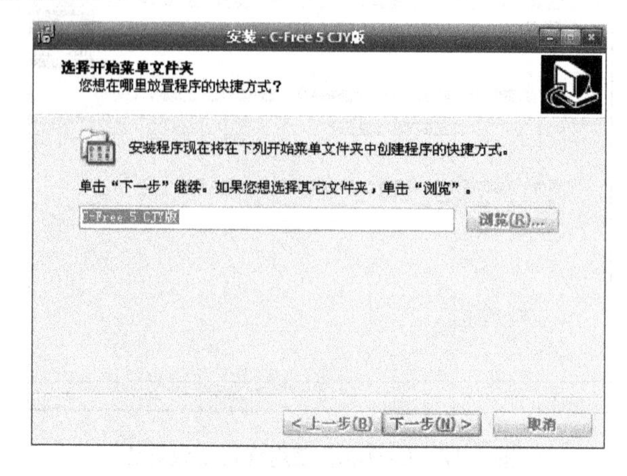

图 1.15　设定创建快捷方式的位置

(6) 为便于软件的使用，可在选择附加任务界面中选中【创建桌面快捷方式】复选框，如图 1.16 所示，单击【下一步】按钮。

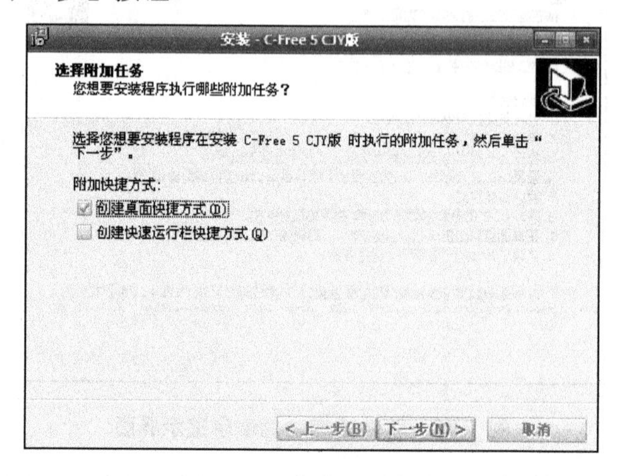

图 1.16　选择附加任务

(7) 如图 1.17 所示，在准备安装界面下方单击【安装】按钮。

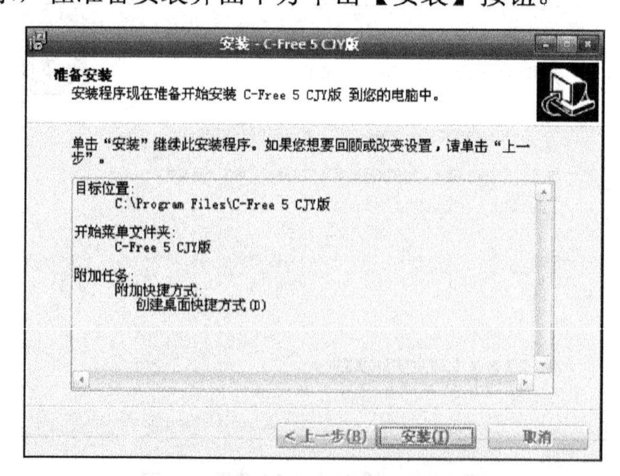

图 1.17　准备安装

(8) 接下来会看到软件正在安装，如图 1.18 所示。

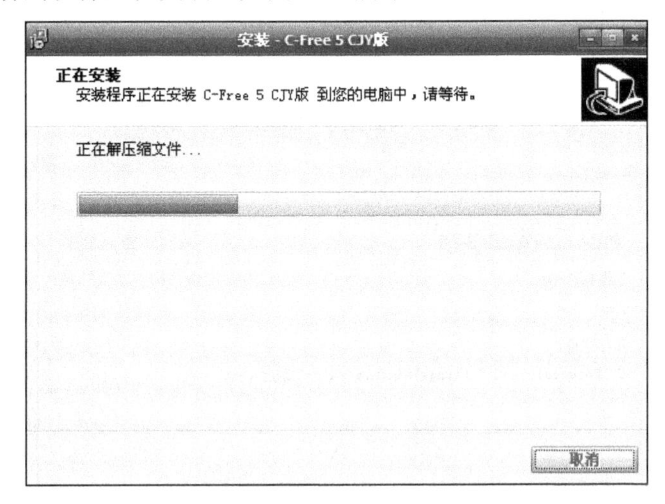

图 1.18 正在安装

(9) 当安装完成后，会看到如图 1.19 的界面。若需要立即使用 C-Free5，则选中【运行 C-Free5】复选框，单击【完成】按钮。

图 1.19 C-Free5 安装完成

2. C-Free5 使用简介

安装完成之后，便可在 C-Free5 中编写并运行程序了。下面介绍在 C-Free5 中通过创建工程的方式建立控制台程序的操作步骤。

(1) 启动 C-Free5 软件，在【工程】主菜单中选择【新建】菜单项，会出现如图 1.20 所示的窗口。在工程类型中选中【控制台程序】，设定工程名称和工程保存位置后，单击【确定】按钮。

(2) 在程序类型选择窗口中选中【空的程序】单选按钮，如图 1.21 所示，单击【下一步】按钮。

(3) 空的程序默认选择 C 语言，如图 1.22 所示，在语言选择窗口中单击【下一步】按钮。

图 1.20　新建工程

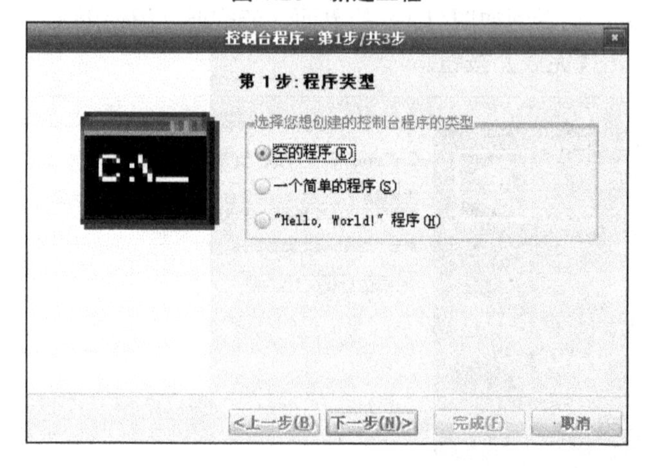

图 1.21　选择程序类型

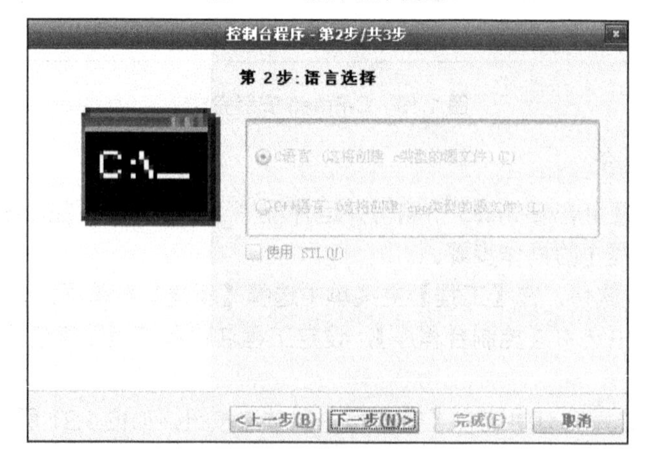

图 1.22　语言选择

(4) 选择构建配置窗口如图 1.23 所示，不须修改，直接单击【完成】按钮。

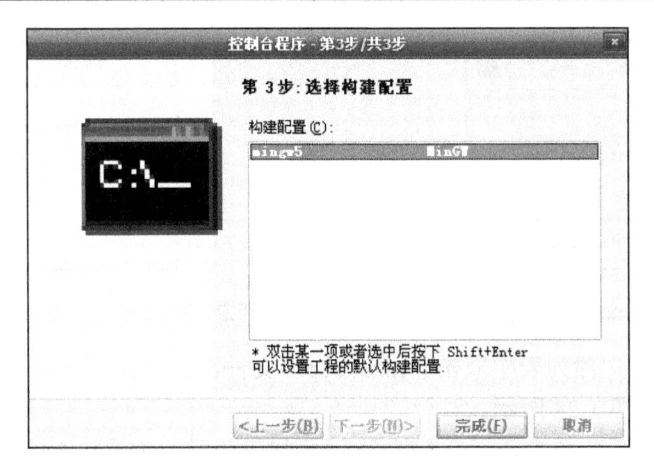

图 1.23　选择构建配置

(5) 至此，工程已经建立好，软件界面右侧会出现如图 1.24 所示的文件列表窗口。若未显示文件列表窗口，可选择【查看】主菜单中的【文件列表窗口】菜单项将其打开。

(6) 暂时将 C-Free5 最小化，找到刚才建立的工程文件夹(本文将其建立在桌面上，文件夹名为 test)。打开工程文件夹，会看到文件夹中有两个文件："test.cfp" 和 "test.cfpg"。这两个是工程文件，文件名称与工程文件夹的名称相对应。

(7) 在工程文件夹中新建一个.c 文件或.cpp 文件，建议新建.cpp 文件，这样可以使用功能更强的 C++编译器。具体操作是：在工程文件夹内空白处点击鼠标右键选择新建文本文档，建好的文本文档应显示为"新建文本文档.txt"。注意，一定要让后缀.txt 显示出来。若后缀.txt 未显示，仅显示了"新建文本文档"，则在【工具】主菜单的中选择【文件夹选项】菜单项。在【文件夹选项】菜单项中选择【查看】页，将【高级设置】列表中【隐藏已知文件类型的扩展名】前方的【√】去掉，单击【确定】按钮。将"新建文本文档.txt"连同后缀重新命名为"main.cpp"，如图 1.25 所示。

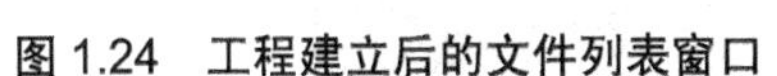
图 1.24　工程建立后的文件列表窗口

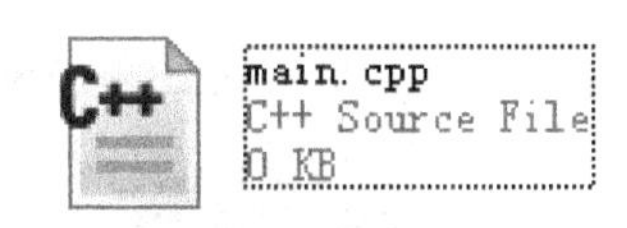

图 1.25　新建的.cpp 文件

(8) 回到 C-Free5 软件界面中，接下来要将刚才新建的"main.cpp"文件添加到工程中。打开主【工程】菜单，选择【添加文件到工程】菜单项，找到刚建的"main.cpp"文件，单击【打开】按钮。会看到"main.cpp"文件出现在文件列表窗口中，如图 1.26 所示。

(9) 工程默认包含 3 个目录：源文件(Source Files)、头文件(Header Files)和其他文件(Other Files)。以.c 或.cpp 为后缀的文件属于源文件，最好将 main.cpp 置于源文件(Source Files)目录下。操作的方法是用鼠标选中文件列表中"main.cpp"文件图标，将它拖曳到 Source Files 文件夹的图标上再松开鼠标，"main.cpp"文件就位于 Source Files 目录下了，如图 1.27 所示。

图 1.26　添加 main.cpp 到工程中

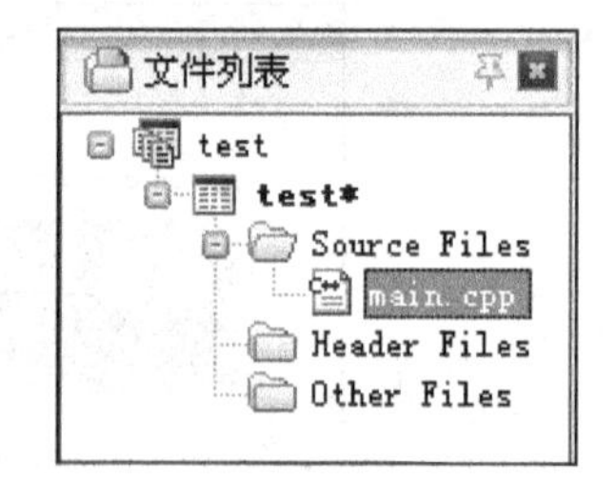

图 1.27 将 main.cpp 置于 Source Files 目录下

(10) 接下来，在文件列表中双击“main.cpp”文件图标将其打开。在编辑区域中写下 C 程序主函数框架，如图 1.28 所示。

(11) 程序编写好后，单击【运行】按钮(绿色的三角形)，如图 1.29 所示。

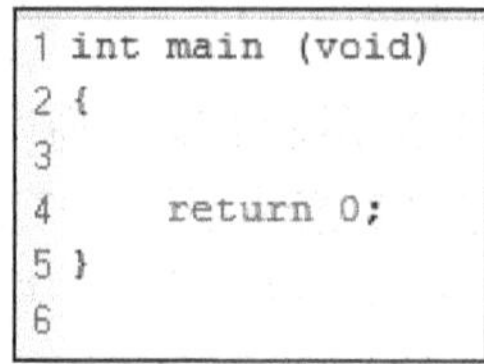

图 1.28　在 main.cpp 中编写程序

图 1.29　运行按钮

(12) 若程序无错误，则会在软件下方的消息窗口中给出图 1.30 中的文字提示。

(13) 再次单击【运行】按钮，若消息窗口中给出图 1.31 中的提示“0 个错误，0 个警告”，则表示程序运行成功。此时会出现一个黑色的控制台窗口，如图 1.32 所示。

完成重新构建 ： 0 个错误, 0 个警告
生成

图 1.30　编译成功提示信息

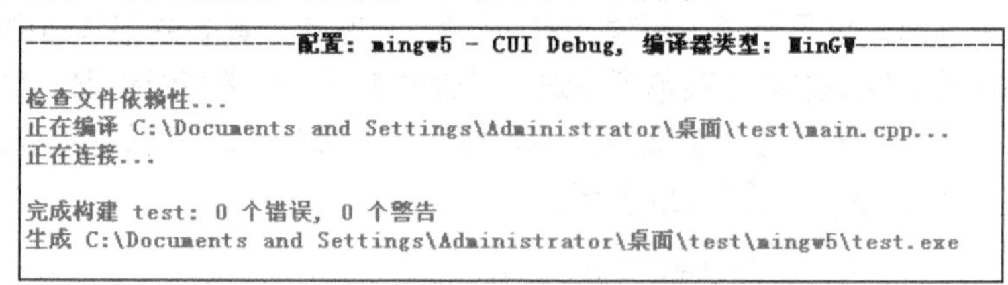

图 1.31　运行成功提示信息

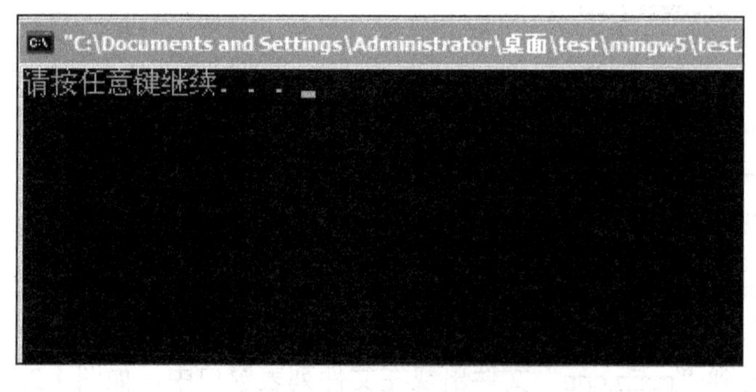

图 1.32　控制台窗口

(14) 根据控制台窗口内的提示，按下键盘任意键可关闭窗口。在 C-Free5 环境中，若需要再新建另一个工程，应当先关闭现已打开的工程。在【工程】主菜单中选择【关闭】菜单项可将当前工程关闭。

1.8 习　　题

第 1 题：以下标识符命名合法的是(　　)。

A. b - b　　B. 2ab　　C. _3#v　　D. a2b

第 2 题：以下标识符命名合法的是(　　)。

A. _1_2_3　　B. a-b-c　　C. int　　D. 9cd

第 3 题：以下是 C 语言关键字的是(　　)。

A. start　　B. over　　C. when　　D. while

第 4 题：下列变量定义语句中，有些变量的命名不规范，请修改。

(1) int cTemp;
(2) int lNum;
(3) short Number;
(4) int iCount;
(5) char byCharacter;
(6) long ulStuNo;
(7) unsigned int dwAverage;
(8) unsigned char ulNum;
(9) unsigned short iNum1, iNum2;
(10) bool dIsMinus;
(11) double bAverage;
(12) float Sum;
(13) unsigned long ucTime;
(14) usigned int iPassWord;
(15) bool bIsFemale;
(16) double fNum;
(17) short sScore;
(18) float fNum;
(19) unsigned char cCh;
(20) short cSongType;

第 5 题：修改下列主函数的错误。

(1)

```
int mian(void);
{
    return0;
}
```

(2)

```
int main(viod);
{
    return0;
};
```

(3)

```
intmain(void)
{
    return0;
}
```

(4)

```
int main(void)
{
    return o;
}
```

第 6 题：指出下列结构体类型定义的错误，写出正确的语句。

(1)

```
strut Data;
{
    short nX
    short nY
    short nZ
};
```

(2)

```
struct Student
(
    int iStuNo;
    int iAge;
);
```

(3)

```
struct Date
{
    short nYear;
    short nMonth;
    short nDay;
}
```

(4)

```
struct Study Information
{
    unsigned short byEnglish;
    unsigned short byMath;
    unsigned short byOffice;
    unsigned short byComputer;
    unsigned short bySum;
    double dAverage;
};
```

第 7 题：指出下列结构体定义的错误或不规范之处，写出正确的语句。

(1)

```
strut Data;
{
    short nX
    short nY
    short nZ
}Last; Current; Next;
```

(2)

```
struct Student
{
    int iStuNo;
    int iAge;
}; Lucy, Jim;
```

(3)

```
struct Date
{
    short nYear;
    short nMonth;
    short nDay;
}
struct Yesterday, Tomorrow;
```

(4)

```
struct Study Information
{
    unsigned short byEnglish;
    unsigned short byMath;
    unsigned short byOffice;
    unsigned short byComputer;
    unsigned short bySum;
    double dAverage;
};
Study Information Lily, Mike;
```

第 8 题：指出下列程序的错误，写出正确的程序

(1)

```
int main(void)
{
    x = 0;
    y = 20;
    z = x + y;
    return 0;
}
```

(2)

```
int main(void)
{
    int iNum1 = 20;
    int iNum2 = 70;
    iNum3 = iNum1 + iNum2;
    return 0;
}
```

(3)

```
int main(void)
{
    int a = 20;
    int b = 70;
    unsigned int c = a - b;
    return 0;
}
```

第 9 题：语句 c = a + b 是将变量 a 和变量 b 中的数据相加，结果赋值给变量 c。使用两种方法，将变量 nx 和 ny 的值进行交换。

第 10 题：学生期末考试有英语、数学、计算机三个科目。设计结构体类型，它能表示任意一个学生的期末考试三科成绩以及平均分。李雷期末成绩为英语 90 分、数学 75 分、计算机 82 分，定义上述类型的结构体，并根据李雷的成绩给结构体成员变量赋值。

第 11 题：设计结构体类型，它能表示任意一天的日期。将你的生日定义为该类型的结构体，并将你的生日信息赋值给结构体成员变量。

第2章 计算问题

教学目标

通过本章的学习，使学生掌握算术运算表达式并能编写简单的分支结构程序。

教学要求

知识要点	能力要求	关联知识
表达式	掌握算术运算式的表达方法	+、−、*、/、()、%、++、--8 种运算符
浮点数	掌握浮点数据的使用	float 类型 double 类型 强制类型转换 浮点型变量命名规范
注释	掌握两种注释方法	//注释方法 /* */注释方法
if 结构	掌握简单的分支结构程序设计方法	if 结构表达
VC6.0 软件	掌握 VC6.0 编程软件的安装、配置与使用	VC6.0 安装 VC6.0 配置 建立控制台工程

重点难点

- ✧ 浮点类型
- ✧ 求余运算
- ✧ 自增自减运算
- ✧ if 结构

本章从这道简单的几何问题开始讲解，如图 2.1 所示，已知 Length、Width、Height 分别是长方体的长、宽、高，填空，用 Area、SfcArea、Volume、Avg 分别表示出长方体的底面积、表面积、体积、长宽高的平均值。

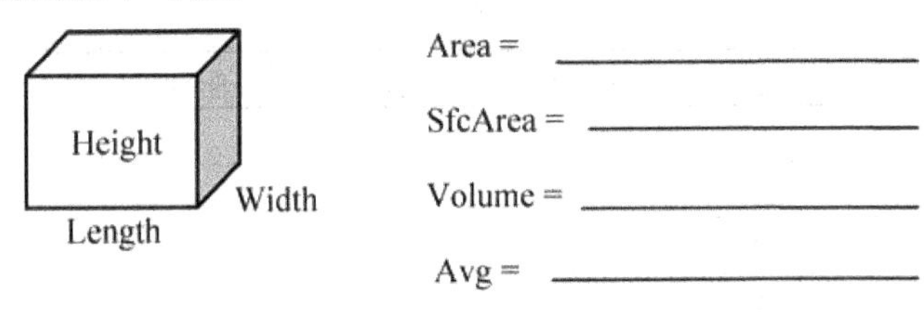

图 2.1 导入案例

2.1　四则运算符

一些初学者可能会将除号写为“÷”或“—(分数形式)”，将乘号写为“×”或“•”。学习编程语言，则应认识程序中的运算符号，最直观的学习方法，就是从键盘上来认识。

图 2.2 中用圆圈标出了加减乘除符号。初学者要注意不要将减号与其上方的下画线混淆。

图 2.3 为数字小键盘上的加减乘除符号。

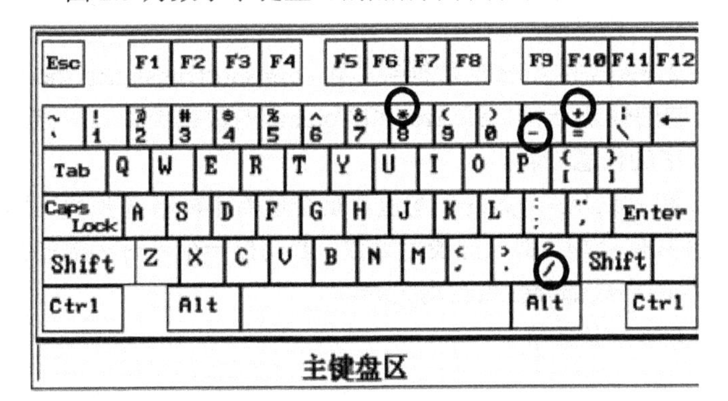

图 2.2　主键盘区的加减乘除符号

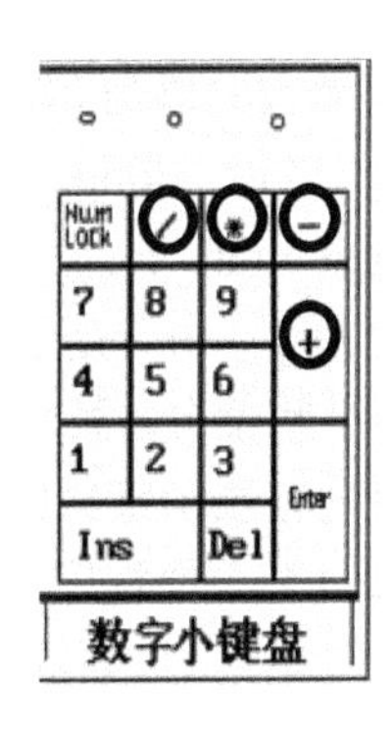

图 2.3　数字小键盘区的加减乘除符号

C 程序的加减乘除符号分别为：+、-、*、/，书写时，符号左右各空一格。

图 2.1 中的 4 个表达式分别写为：

```
Area = Length * Width;
SfcArea = (Length * Width + Length * Height + Width * Height) * 2;
Volume = Length * Width * Height;
Avg = (Length + Width + Height) / 3;
```

2.2　表单实例

本节为一个表单中的数据编写计算公式。

1. *表单描述*

如表 2-1 所示，表中每行为一条数据，共有 10 条数据，各行已经记录了长方体的长、宽、高。请先确定变量 Length、Width、Height、Area、SfcArea、Volume、Avg 的数据类型，再为表单的右 4 列编写计算公式。

表 2-1　长方体数据表单

No.	Length	Width	Height	Area	SfcArea	Volume	Avg
1	32	25	78				
2	87	63	9				
3	4	5	1				
4	124	23	18				
5	318	7	25				
6	520	8	9				
7	66	415	2				
8	511	8	16				
9	32	2	1023				
10	54	68	15				

Length 的取值最小为 4，最大为 520，Width 的取值最小为 2，最大为 415，Height 的取值最小为 1，最大为 1023，故 Length、Width、Height 的数据类型可以是 short、unsigned short、int、unsigned int、long、unsigned long 中的任意一种。

Area 最大取值是 27390(66×415 = 27390)，故 Area 的数据类型可以是 short、unsigned short、int、unsigned int、long、unsigned long 中的任意一种。SfcArea 和 Volume 的数据类型则应该是 int、unsigned int、long、unsigned long 中的任意一种。

变量 Avg，由于是 Length、Width 和 Height3 个数的平均值，这个值若不能被 3 整数，则必然带有小数部分。第一章介绍的 9 种数据类型，都只能表示整数，若要把一个带有小数的数据赋值给只能表示整数的变量，则原数的小数部分会被自动丢弃。

【例 2.1】 下面程序中，变量 iResult 被赋值为 2。

```
int main (void)
{
    int  iNum1, iNum2, iResult;      // 同类型变量可在同一行声明
    iNum1 = 5;                       /* 变量 a 赋值为 5 */
    iNum2 = 2;                       /* 变量 b 赋值为 2 */
    iResult = iNum1 / iNum2;         /* 丢弃 2.5 的小数部分，
                                      将 2 赋值给 iResult */
    return 0;
}
```

怎样使得表 2-1 中的变量 Avg 和【例 2.1】程序中的变量 iResult 能够容纳一个带有小数的数据呢？答案：将它们定义为浮点类型变量。

2. 浮点型

浮点型和数学中的实数概念相对应，能表示一个带有小数的数。浮点数在内存中按照 x^y 的方式存储，其中 x 称为尾数，y 称为指数。

1) 单精度浮点型 float

float 类型数据在内存中占 4 个字节，共 32 个二进制位：

1bit(符号位)	8bits(指数位<含 1 个符号位>)	23bits(尾数位)

其中指数位为一个 8 位的有符号数，相当于 x^y 中的 y 取值为−128～+127。尾数位为一个 23 位的无符号数，相当于 x^y 中的 x 取值为 $0\sim2^{23}-1$，即 0～8388607，最多 7 位，意味着 float 类型数据最多能有 7 位有效数字，但绝对能保证的为 6 位，也即 float 的精度为 6～7 位有效数字。float 类型数据的取值范围如表 2-2 所示。

2) 双精度浮点型 double

double 类型数据在内存中占 8 个字节，共 64 个二进制位：

1bit(符号位)	11bits(指数位<含 1 个符号位>)	52bits(尾数位)

其中指数位为一个 11 位的有符号数，相当于 x^y 中的 y 取值为−1024～+1023。尾数位为一个 52 位的无符号数，相当于 x^y 中的 x 取值为 $0\sim2^{52}-1$，即 0～4503599627370495，最多 16 位，意味着 double 类型数据最多能有 16 位有效数字，但绝对能保证的为 15 位，也即 double 的精度为 15～16 位有效数字。double 类型数据的取值范围如表 2-2 所示。

表 2-2　浮点型数据的长度及取值范围

数据类型	占用的存储空间	取值范围
float	4 个字节	$-3.4\times10^{38}\sim+3.4\times10^{38}$
double	8 个字节	$-1.79\times10^{308}\sim+1.79\times10^{308}$

浮点型数据默认保留到小数点后 6 位。double 类型比 float 类型所能表示的浮点数范围更大，精度更高，但更占用内存，编程时应当根据程序对数据的范围和精度需要来使用这两种类型。

3. 数据类型转换

现在，已能确定表 2-1 中的变量 Avg 应当声明为 float 类型或 double 类型。假设已声明变量 Length、Width、Height 为 int 类型，值分别是 4、5、1，Avg 为 float 类型，那么语句“Avg = (Length + Width + Height)/ 3;”执行后，变量 Avg 中的值是多少呢？初学者可能会认为 Avg 的值是 3.333333(默认保留到小数点后 6 位)，而实际上却是 3.000000。因为 C 语言会将整数与整数相除看成是求商，只会得到一个整数结果。比如 11/3，会被看成是求 11 中包含 3 的个数，结果为 3。同理，16/3 的结果是 5，20/12 的结果是 1。在(4 + 5 + 1)/3 得到结果为 3 后，由于语句要将 3 装入浮点型的变量中，则会自动在小数点添加 6 个 0，所以最终 Avg 的值为 3.000000。

那要怎样才能将真正的结果 3.333333 装入 Avg 中呢？只需要在保证 Avg 为浮点型的情况下，将除法运算的被除数或者除数中的至少一个变为浮点型即可。

以下方法都能使 Avg 的值为 3.333333。

方法一：

```
int Length = 4, Width = 5;
float Height = 1;          //将 Length、Width 、Height 中任意一个或多个改为浮点型
float Avg;
Avg = (Length + Width + Height)/ 3;
```

方法二：

```
int Length = 4, Width = 5, Height = 1;
float Avg;
```

```
Avg = (Length + Width + Height)/ 3.0;      //在除数后加上小数部分，将其改为浮点型
```

方法三：

```
int Length = 4, Width = 5, Height = 1;
float Avg;
Avg = (float)(Length + Width + Height)/ 3;     // 将被除数强制转换为浮点型
```

方法四：

```
int Length = 4, Width = 5, Height = 1;
float Avg;
Avg = (Length + Width + Height)/ (float)3;     // 将除数强制转换为浮点型
```

注意：

强制类型转换可在多种不同类型数据之间使用，如其他类型转换为整型等。

【例 2.2】分析以下语句执行后 a 和 b 的值。

```
int a = 1.6 + 1.7;
int b = (int)1.6 + 1.7;
```

第一句，将 3.3 赋值给整型变量 a，由于 a 只能装入整数，小数部分会被自动去掉，所以 a 的值为 3。第二句，先把浮点数 1.6 转换为整数 1，加 1.7 后，等号右边结果为 2.7，在装入数据到 b 中时，小数部分被丢弃，所以 b 的值为 2。

课堂练习 1：编程，按照表 2-1 中数据定义 7 个变量用于表示长方体的各项数据，根据表中第一行数据给长、宽、高 3 个变量赋值，写出该长方体的另外 4 项数据的计算式。

4. 变量命名规范(二)

继第 1 章后，本节介绍了两种新的数据类型 float 和 double。匈牙利命名法对这两种类型的变量命名方式也作了规定，见表 2-3。

表 2-3　匈牙利命名法(二)

数据类型	前　缀	举　例
float	f	float fAvg;
double	d	double dAvg;

2.3　运算顺序控制及程序注释

1. 运算顺序控制

如图 2.4 所示，已知两个长方体的长宽高分别为 L1、W1、H1 和 L2、W2、H2，用 Avg 表示两个长方体表面积的平均值，假设所有变量都已被声明为浮点型，写出 Avg 的表达式。

初学者在写这个表达式时有可能会写成：

```
Avg = [(L1 * W1 + L1 * H1 + W1 * H1)* 2 + (L2 * W2 + L2 * H2 + W2 * H2)* 2]/2;
```

许多读者习惯在圆括号()的外层用方括号[]，在方括号的外层用花括号{}。但计算机有时

做的复杂运算需要的括号会超过 3 层，那计算机用的都是什么括号呢？答案：以不变应万变，全部使用圆括号( )。图 2.4 中表达应写为：

```
Avg = ((L1 * W1 + L1 * H1 + W1 * H1)* 2 + (L2 * W2 + L2 * H2 + W2 * H2)* 2)/2;
```

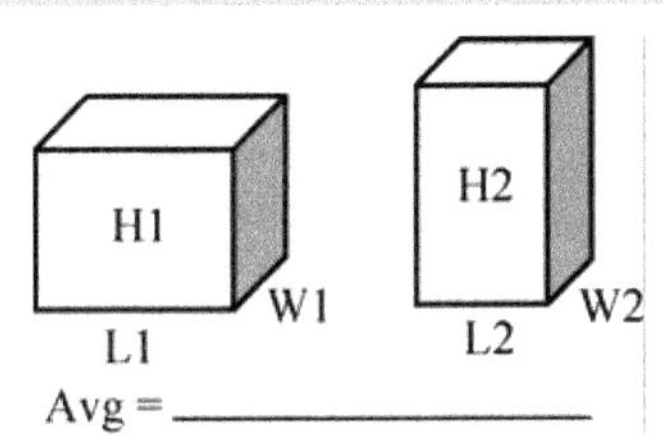

图 2.4　求长方体表面积的平均值

注意：

方括号[]在数组编程时使用，花括号{}在定义结构体、函数、分支或循环结构时使用。当表达式内圆括号较多时，一定要注意括号的配对，避免出现左右括号数量不一致的情况。写程序时，凡是需要写括号的地方，最好先写下左右括号，再写括号中的内容。

2. 程序注释

写程序时不应该只写程序语句，良好的程序文档应该是程序文档与说明文字(即注释)的集合。为程序添加说明文字，能提高程序的可读性，也便于以后对程序进行修改。

C 程序中有两种注释方法：

第一种以“/*”开头，以“*/”结尾，注释内容写在这一对符号之间，这种注释写法允许跨行。

第二种以“//”开头，注释内容写在该符号右侧，这种注释写法不允许跨行，如：

```
int main (void)
{
    int  iLength, iWidth, iHeight;          // 声明 3 个整型变量，分别
                                            // 表示长方体的长、宽、高
    float  fAvg;                            /* 声明变量 fAvg 为浮点型，用于表
                                            示长方体长、宽、高的平均值 */
    fAvg = (iLength + iWidth + iHeight)    / 3.0;  /* 给 fAvg 赋值 */
    return 0;
}
```

2.4　if 结构

在编程时经常会遇到一个变量的值随另一个变量的值而变化，而且两个变量之间并非一对一的关系，C 语言经常用 if 结构来描述这种一对多的关系。

if 结构的形式为：

1	**if (条件)**　　// 如果( )内条件满足，
2	{
3	……;　// 则执行 if 下方{ }内的语句
4	}

【例 2.3】整型变量 ix，iy 满足以下关系，用程序描述下式。

$$iy=\begin{cases} ix+5, (ix>0) \\ ix-12, (ix<0) \end{cases}$$

C 语言可将此式描述为：

```
if (ix > 0)
{
    iy = ix + 5;
}
if (ix < 0)
{
    iy = ix - 12;
}
```

课堂练习 2：已知整型变量 iNum1 和 iNum2 中已装有两个不等的整数，将其中较大的数装入变量 iMax 中，写出语句。

课堂练习 3：已知整型变量 iNum1、iNum2 和 iNum3 中已装有 3 个不等的整数，将其中最大的数装入变量 iMax 中，写出语句。

提示，这种写法是错误的：if (a > b > c)。下面的嵌套写法是正确的：

```
if (a > b)
{
    if (a > c)
    {
            ...... ;
    }
}
```

2.5 求　　余

在生活中，有时需要去思考这样的问题：58 小时是几天零几个小时？30 天是几周零几天？这两个问题的答案很容易算出，因为问题中已经给出了具体的数据。若不给出具体数据，比如问 x 小时是几天零几个小时，这又怎样计算呢？

这样的问题实际就是求除法运算的商和余数的问题。本章已经介绍过了 C 程序中的除法运算(运算符“/”)是求商，现在介绍一个用于求余数的运算符“%”，它在键盘上的位置如图 2.5 所示。

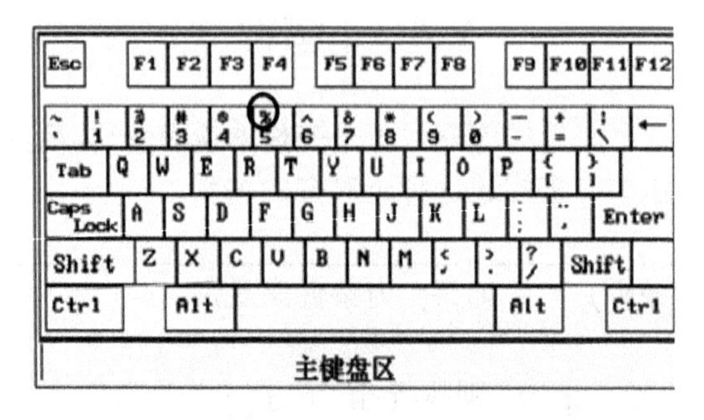

图 2.5　键盘上的求余运算符%

求余运算也称为“模运算”，只能对整数使用。表 2-4 对比了运算符“/”和“%”的作用。

表 2-4　除法与求余运算比较

除法运算	求余运算(模运算)
6 / 3 = 2	6 % 3 = 0
87 / 12 = 7	87 % 12 = 3
60 / 24 = 2	60 % 24 = 12
270 / 60 = 4	270 % 60 = 30

课堂练习 4：填空，x 小时是__________天零__________个小时；x 天是__________周零__________天；x 秒是__________分零__________秒。

课堂练习 5：若 nx 秒是 nHour 小时又 nMinute 分零 nSecond 秒，分别写出计算 nHour、nMinute 和 nSecond 的表达式。

2.6　复合运算符

在程序中书写表达式时，经常需要将两个变量的和赋值给被加数、差赋值给被减数、乘积赋值给被乘数、商赋值给被除数等，如：

```
x = x + y;
x = x - y;
x = x * y;
x = x / y;
x = x % y;
```

此类表达式使用频繁，C 语言允许用复合运算符来简化此类表达式。复合运算符包括“+=”、“-=”、“*=”、“/=”、“%=”等，凡是对两个数进行运算的运算符(称为双目运算符)都有对应的复合运算符。

以上 5 个表达式可改写为：

```
x += y;
x -= y;
x *= y;
x /= y;
x %= y;
```

2.7　自增与自减

除了求余数，有时我们还会遇到这样的问题：某电子时钟当前显示的时间是 nHour 时 nMinute 分 nSecond 秒，而你却发现它慢了 61 分钟，你会怎样去调整它。

调整的方法有多种，比如可以让分钟数增加 61，更简单的方法是让小时数 nHour 增 1，让分钟数 nMinute 也增 1。用语句来描述为：

```
nHour = nHour + 1;          // 也可写为 nHour += 1;
nMinute = nMinute + 1;    // 也可写为 nMinute += 1;
```

让某个变量的值增1或减1，这种计算在程序中经常需要用到。C语言为了给编程者提供方便，提供了这种运算的简便写法，用符号“++”表示增1，符号“--”表示减1。这两种运算符被称为自增运算符和自减运算符。上式也可写为：

```
nHour ++;       // 也可写为 ++ nHour;
nMinute ++;    // 也可写为 ++ nMinute;
```

自增自减运算符只能对单个变量使用，不能对常量或多个变量使用，表2-5左侧的用法都是正确的，右侧的用法都是错误的。

表2-5　自增自减运算符正误使用对比

正　确	错　误
iCount ++;	iCount ++ iNum;
iCount --;	++ iCount ++ iNum;
++ iNum;	2 ++ 3;
-- iNum;	2 --;

下面介绍自增自减运算符的两种写法与两种用法。

两种写法分别是前置写法和后置写法。运算符在变量前(在变量左侧)出现，称为前置，在变量后(在变量右侧)出现，称为后置，见表2-6。

表2-6　自增自减运算符的两种写法

前　置	后　置
++ iNum;	iNum ++;
-- iNum;	iNum --;

两种用法：

1. 单独使用

语句中除了自增或自减运算符，没有其他运算符。在单独使用的情况下，前置写法与后置写法作用相同。

【例2.4】 分析以下程序中每条语句的作用。

```
int main (void)
{
    int iNum1 = 0, iNum2 = 1;         //执行后，iNum1 的值为 0，iNum2 的值为 1
    iNum1 = iNum1 + iNum2;            //执行后，iNum1 的值为 1，iNum2 的值为 1
    ++ iNum2;                  //与 iNum2 ++ 一样，执行后，iNum2 的值为 2，iNum1 值不变
    iNum1 = iNum1 + iNum2;  //执行后，iNum1 的值为 3，iNum2 的值为 2
    iNum2 ++;                  //与++ iNum2 一样，执行后，iNum2 的值为 3，iNum1 值不变
    iNum1 = iNum1 + iNum2; //执行后，iNum1 的值为 6，iNum2 的值为 3
    return 0;
}
```

程序中，语句++iNum2和iNum2++都是使变量iNum2的值增1。

2. 与其他符号搭配使用

自增自减运算符在与其他符号搭配使用时，须区分前置与后置写法。前置时，先对变量

进行增减，再使用其他运算符进行运算；后置时，先使变量参与一次其他运算，再对变量进行增减。

【例 2.5】以下程序包含了自增自减运算符在与其他符号搭配使用时的前置与后置写法，程序注释说明了每条语句的作用。

```
int main (void)
{
    int iNum1 = 0, iNum2 = 6;  //执行后，iNum1 的值为 0，iNum2 的值为 6
    iNum1 = ++ iNum2;          //前置，先使 iNum2 值为 7，再给 iNum1 赋值为 7
    iNum1 = iNum2 --;          //后置，先将 iNum2 的值 7 赋给 iNum1，iNum2 再变为 6
    return 0;
}
```

2.8 实作：Visual C++ 6.0 安装、配置与使用

Visual C++ 6.0，简称 VC 或者 VC6.0，是微软公司推出的一款 C/C++编译器，是一个功能强大的可视化软件开发工具，已成为专业程序员进行软件开发的首选工具，适合有一定编程基础的学习者使用。下面介绍 VC6.0 的安装、配置和使用步骤，请读者按步骤进行操作。

1. Visual C++ 6.0 安装

安装与配置步骤如下：

(1) 打开 VC6.0 的安装文件 AUTORUN.EXE，出现安装向导首页，如图 2.6 所示，选择安装语言，如单击【中文版】按钮。

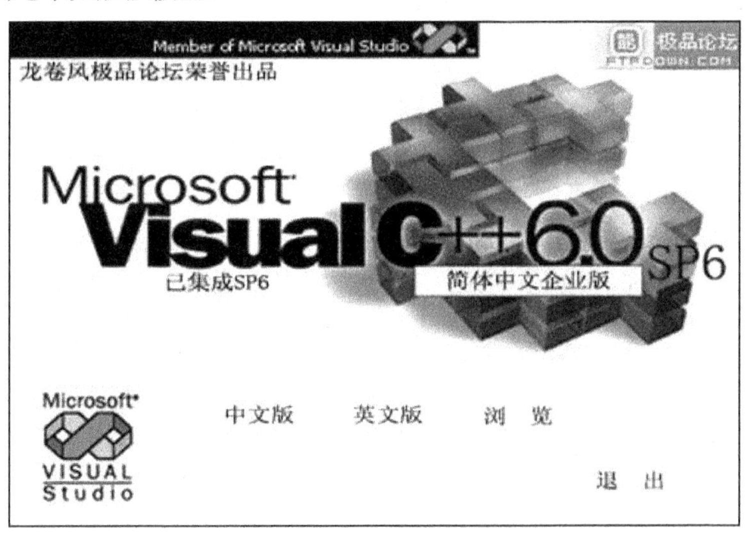

图 2.6 VC6.0 安装向导首页

(2) 在添加/删除选项中选中【工作站工具和组建】单选按钮，如图 2.7 所示，单击【下一步】按钮。

(3) 在图 2.8 对话框中单击【继续】按钮，会出现图 2.9 中的信息提示。

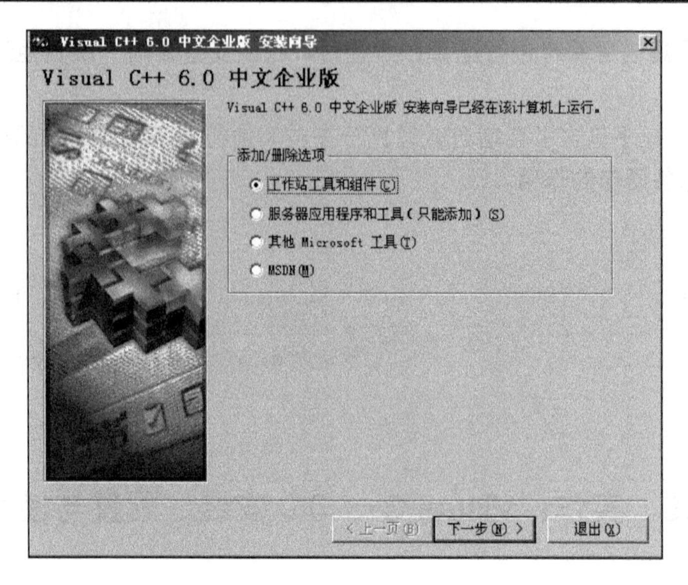

图 2.7 添加/删除选项

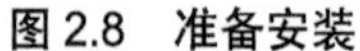
图 2.8 准备安装

图 2.9 信息提示

(4) 选择安装类型，如图 2.10 所示，安装类型包括典型安装 Typical 和自定义安装 Custom，本书选择典型安装 Typical。选择安装路径，一般默认是 C 盘，可根据需要更改路径。

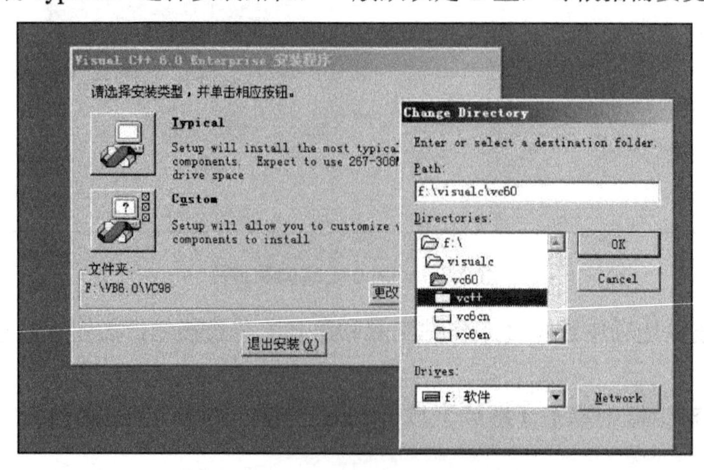

图 2.10 安装类型与安装路径设定

(5) 如图 2.11 所示，在安装环境变量对话框中选中 Register Environment Variables 复选框，单击 OK 按钮。

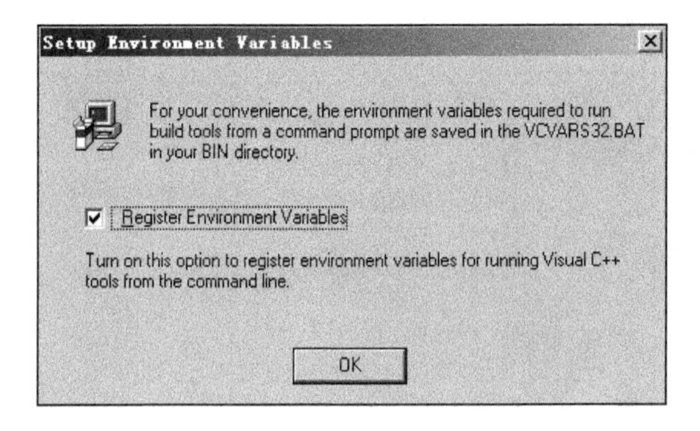

图 2.11　确定安装环境变量

(6) 进入安装过程，显示如图 2.12 所示的安装页面。

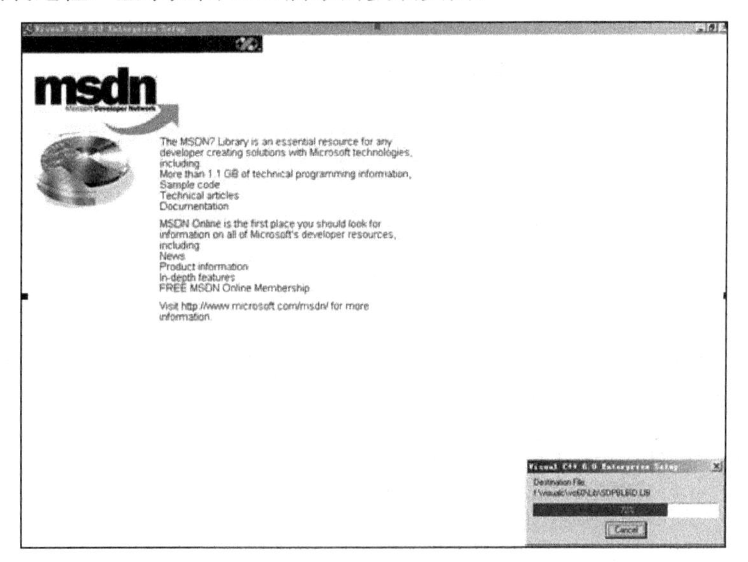

图 2.12　安装进度提示

(7) 安装完成会出现图 2.13 的提示信息，单击【确定】按钮。

图 2.13　安装完成

2. Visual C++ 6.0 配置

1) 安装 MSDN

(1) 打开 VC6.0 安装向导，如图 2.7 所示，在添加/删除选项中选中 MSDN 单选按钮，单击【下一步】按钮。

(2) 如图2.14所示，在MSDN安装向导中，选中【安装MSDN】复选框，单击【下一步】按钮。出现如图2.15的提示信息，单击【是】按钮，MSDN安装完成。

图2.14　MSDN安装向导

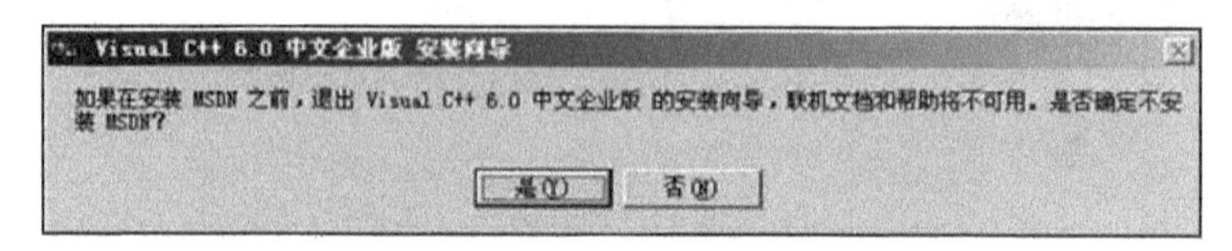

图2.15　MSDN安装提示

2) 安装服务器应用程序和工具

(1) 打开VC6.0安装向导，如图2.7所示，在添加/删除选项中选中【服务器应用程序和工具】单选按钮，单击【下一步】按钮。

(2) 如图2.16所示，单击【完成】按钮，安装服务器完成。

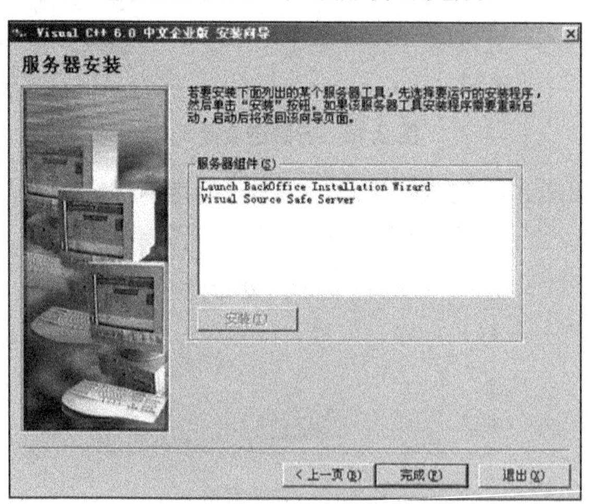

图2.16　完成服务器安装

3) 安装客户端工具

(1) 打开VC6.0安装向导，如图2.7所示，在添加/删除选项中选中【其他Microsoft工具】单选按钮，单击【下一步】按钮。

(2) 如图 2.17 所示，单击【完成】按钮，完成客户端工具的安装。

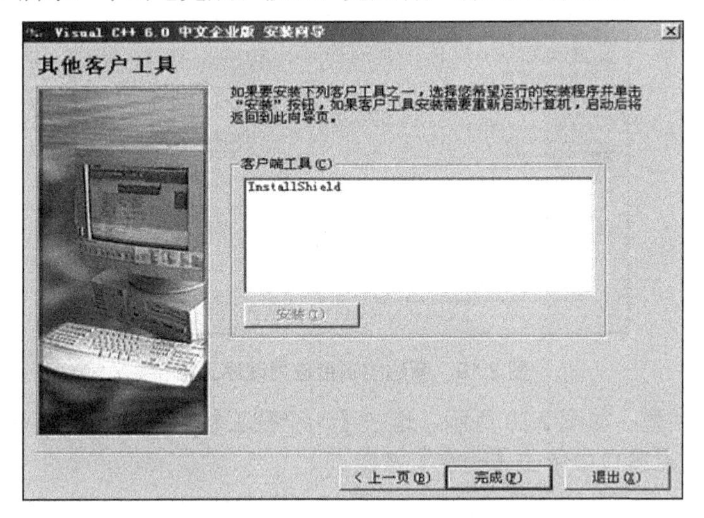

图 2.17　客户端工具安装完成

4) 安装 Vs6sp6 补丁程序

VC6.0 在编译程序时有时会出现卡死现象，读者可从网上下载并安装补丁程序 Vs6sp6.exe 从而解决这个问题。

3. Visual C++ 6.0 使用简介

安装与配置完成之后，便可在 VC6.0 中编写并运行程序了。下面介绍在 VC6.0 中通过创建工程(VC6.0 将工程称为工作空间)的方式建立控制台程序的操作步骤。

(1) 启动 VC6.0 软件，若弹出【每日提示】对话框，单击【关闭】按钮进入主界面，如图 2.18 所示。

图 2.18　VC6.0 主界面

(2) 在【文件】主菜单中选择【新建】菜单项，出现如图 2.19 所示的窗口。在【工程】选项卡中选中【Win32 Console Applicaition(控制台应用程序)】，设定工程名称和工程文件夹的位置，单击【确定】按钮。

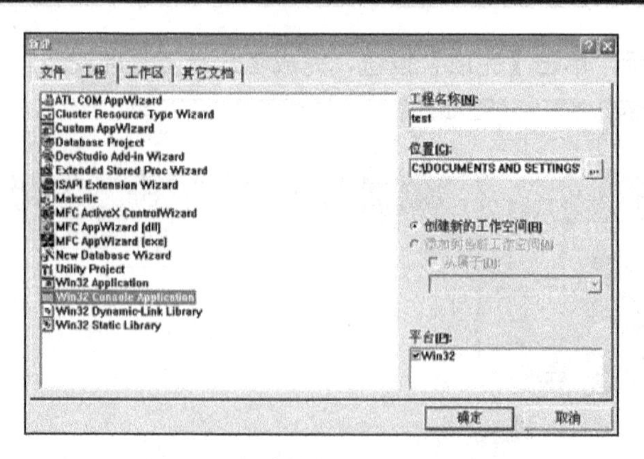

图 2.19　新建控制台应用程序工程

(3) 选择工程类型，如图 2.20 所示，选中【一个空工程】单选按钮，单击【完成】按钮，在图 2.21 的提示信息窗口中单击【确定】按钮。

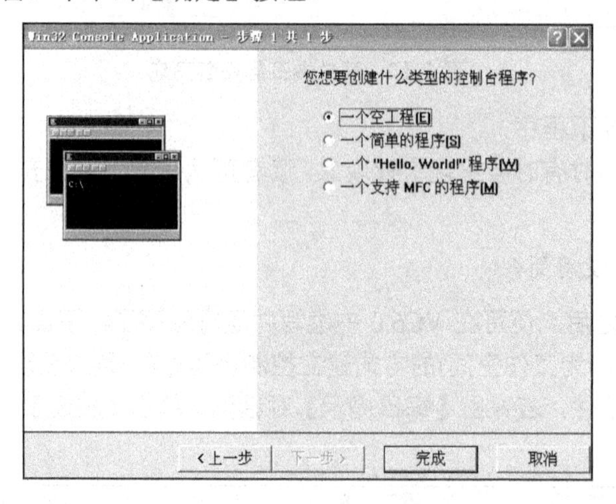

图 2.20　选择工程类型

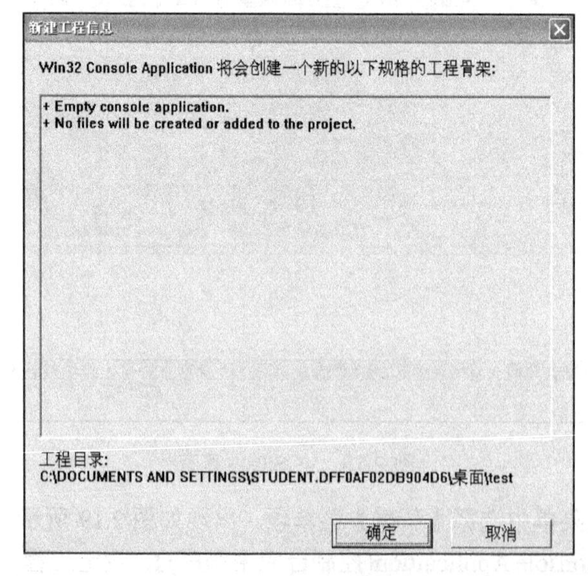

图 2.21　新建工程提示信息

(4) 工程建好后，主界面左侧会出现如图 2.22 所示的工作空间窗口。若未出现该窗口，可选择【查看】主菜单中的【工作空间】菜单项。工程文件夹中包含如图 2.23 所示的若干文件。

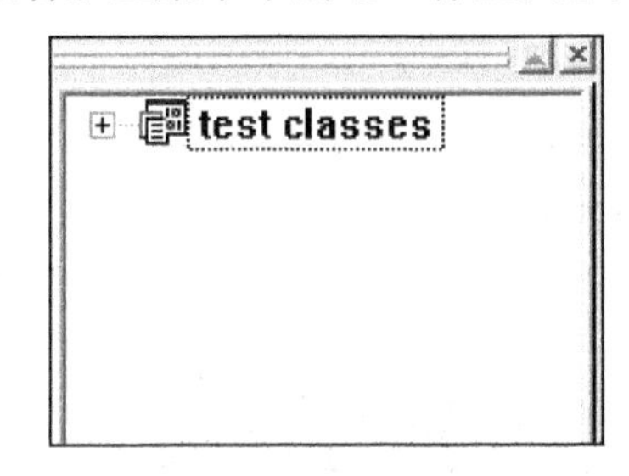

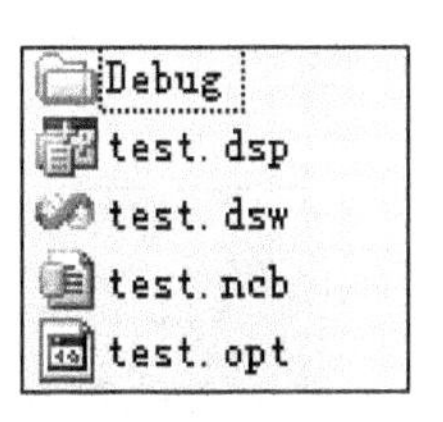

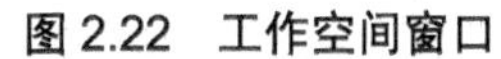

图 2.22 工作空间窗口　　　　图 2.23 工程文件夹

(5) 从图 2.23 中可看出，工程文件夹内没有可用于编程的源文件。再次在【文件】主菜单中选择【新建】菜单项，出现如图 2.24 对话框，在【文件】选项卡中选中 C++ source file(源文件)，在窗口右侧选中【添加到工程 test】复选框，填写文件名时加上后缀.c 或.cpp(建议为.cpp)，设定文件位置(默认为工程文件夹)，单击【确定】按钮。

此步骤完成后，工程文件夹中则出现了“main.cpp”文件。

(6) 在 VC6.0 编辑区写下 C 程序主函数框架，如图 2.25 所示。

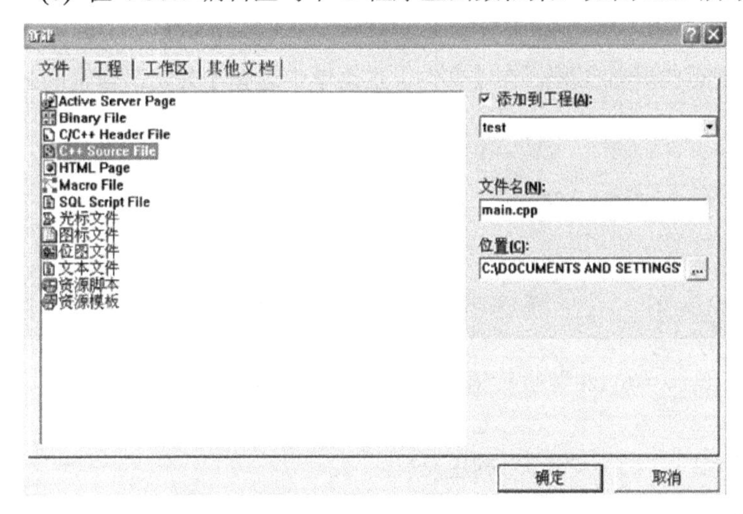

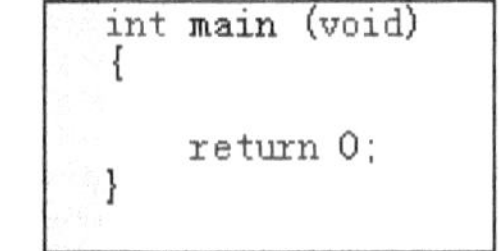

图 2.24 新建源文件　　　　图 2.25 在 main.cpp 中编程

(7) 运行程序可单击 VC6.0 工具栏中的感叹号图标，或按快捷键 Ctrl + F5，出现如图 2.26 所示的对话框，单击【是】按钮。

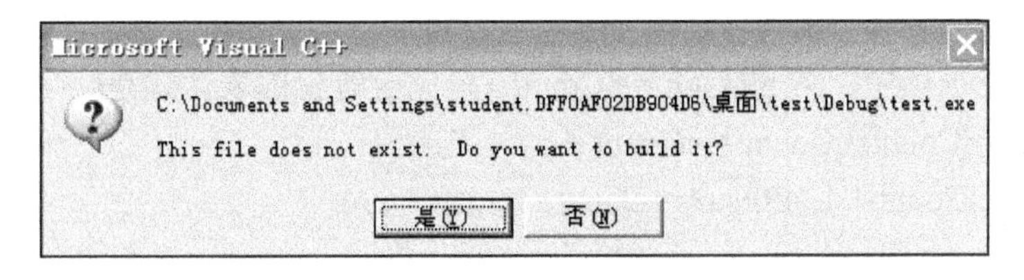

图 2.26 运行提示

(8) 若在 VC6.0 主界面下方的输出窗口中给出如图 2.27 所示的提示，表示程序编译、连接、运行成功，并出现如图 2.28 所示的控制台窗口。

```
--------------------Configuration: test - Win32 Debug------
Compiling...
main.cpp
Linking...

test.exe - 0 error(s), 0 warning(s)
```

图 2.27 输出窗口提示信息

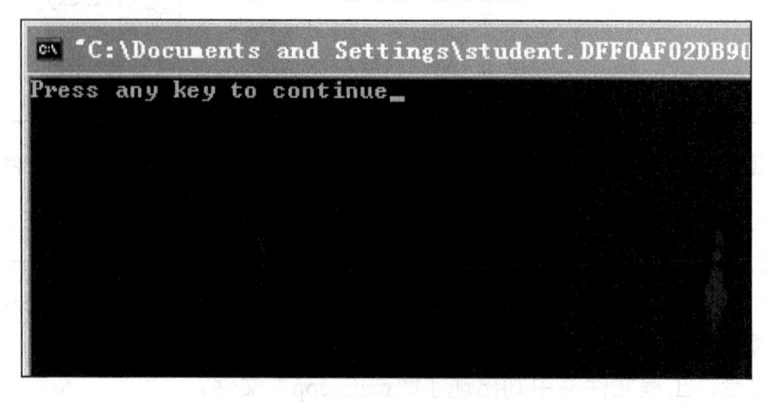

图 2.28 控制台窗口

(9) 根据控制台窗口内的提示，按下键盘任意键可关闭窗口。在 VC6.0 环境中，若需要再新建另一个工程，应当先关闭现已打开的工程。在【文件】主菜单中选择【关闭工作空间】菜单项可将当前工程关闭。

2.9 习　　题

第 1 题：已有语句“int ix = 5, iy;”，不能给 iy 赋值为 2 的赋值语句是(　　)。

A．iy = ix / 2;　　B．iy = iy + 2;　　C．iy = 7 % ix;　　D．iy = 5, b = 2;

第 2 题：已有语句“int ix = 13, iy = 6, iz; ”，执行语句“iz = ix / iy + 0.4;”后，iz 的值是(　　)。

A．2.4　　B．2　　C．2.0　　D．2.9

第 3 题：表达式“(int)1.6 * 2 + 7 / 3 – 4 % 3”的值是(　　)。

A．2　　B．3　　C．4　　D．5

第 4 题：已有语句“int iTemp = 11;”，则表达式(iTemp ++ * 1 / 3)的值是(　　)。

A．3　　B．4　　C．11　　D．12

第 5 题：参与运算的必须是整数的运算符号是(　　)。

A．%　　B．/　　C．-　　D．*

第 6 题：以下选项中，与 nResult = nCount ++ 完全等价的表达式是(　　)。

A．nResult = nCount, nCount = nCount + 1

B．nCount = nCount + 1, nResult = nCount

C．nResult = ++ nCount

D．nResult = nResult + (nCount + 1)

第 7 题：已知 x 和 y 为 int 类型，且 x = 1，y = x + 3 / 2，y 的值为(　　)。

第 8 题：a、b、c 为 int 类型，且 a = 2, b = 3, c = 4，执行完语句“a = 16 + (b ++) - (++ c);”

后，a 的值是(　　)。

第 9 题：用语句实现以下功能：

(1) 把变量 x 的值增加 10。

(2) 把变量 x 的值减少 1。

(3) 将 a 与 b 之和的两倍赋值给 c。

(4) 将 a 与两倍的 b 之和赋值给 c。

(5) 把 n 除以 k 所得的余数赋值给 m。

(6) 用 b 减去 a 的差去除 q，结果赋给 p。

(7) 用 a 与 b 的和除以 c 与 d 的乘积，结果赋给 x。

第 10 题：若 x 是任意一个正整数，y 是 x 的个位数，写出计算 y 的表达式。

第 11 题：x 毫米是 a 米零 b 分米零 c 厘米零 d 毫米，分别写出 a、b、c、d 的表达式。

第 12 题：指出下面程序中的错误并纠正错误。

```
int main (void)
{
    short na = 200, nb = 300, nc = 400, nResult;
    nResult = na * nb * nc;
    return 0;
}
```

第 13 题：变量 a、b、c 中已装有 3 个不相等的整数，编写语句，将 a、b、c 中最小的值放入变量 Min 中。

第 14 题：假设 x 是一个 3 位正整数，它的每位的数值都不相等。编写语句，将它每位的数重新组合成一个新的 3 位数，将最大值放入 Max 中，最小值放入 Min 中。例如，若 x 值为 847，则重组后，Max 的值为 874，Min 的值为 478。

第 15 题：学生期末考试有英语、数学、计算机三个科目。设计结构体类型，它能表示任意一个学生的期末考试三科成绩以及平均分。李雷期末成绩为英语 90 分、数学 75 分、计算机 82 分，刘明期末成绩为英语 60 分、数学 70 分、计算机 75 分，张娟期末成绩为英语 90 分、数学 75 分、计算机 60 分。定义 3 个上述类型的结构体，分别用于表示李雷、刘明、张娟的成绩，并根据以上数据给结构体成员变量赋值。分别计算每个学生的三科平均分并赋值给相应的变量。

第3章 启箱择器问题

教学目标

通过本章的学习，使学生能开发具备基本输入输出功能的程序。

教学要求

知识要点	能力要求	关联知识
文件包含	掌握文件包含命令	# include 命令
常用函数	掌握常用的输入输出函数 掌握延时与清屏函数	pow 函数 sqrt 函数 printf 函数 scanf 函数 putchar 函数 getchar 函数 getche 函数 getch 函数 Sleep 函数 system 函数的清屏功能
无限循环	掌握简单的无限循环结构程序设计	while 无限循环结构 for 无限循环结构
注释规范	掌握程序的基本注释规范	文件头注释 结构注释

重点难点

- ✧ printf 函数
- ✧ scanf 函数
- ✧ putchar 函数
- ✧ getchar 函数
- ✧ 无限循环

论语中有一句话“工欲善其事，必先利其器”，意为：工匠想要使他的工作做好，一定要先使工具锋利。比喻要做好一件事，准备工作非常重要。本章标题中的“器”字是指程序中可以使用的工具，这些工具能使程序具备更多的功能。

请看图 3.1，将图中语句填写完整。

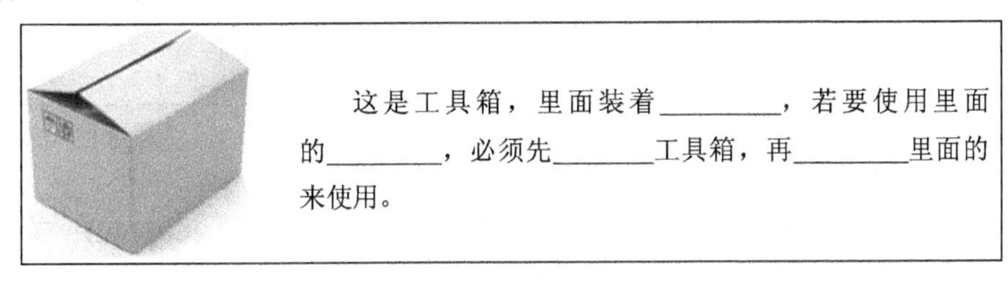

图 3.1 导入案例

这道看图填空题目十分简单，答案为：

这是工具箱，里面装着工具，若要使用里面的工具，必须先打开工具箱，再选择里面的工具来使用。这句话便是对“启箱择器”4 个字的解释。

C 语言的编程软件有很多，这些软件为了方便编程者编写程序，提供了很多工具供编程者使用，适当利用这些工具，能够提高编程效率。这些工具都被装在各种工具箱中，编程时若要使用这些工具，必须先打开工具箱。本章就围绕如何打开工具箱以及如何使用工具来展开教学。

3.1 打开工具箱

在程序开头用这样一条语句便可打开工具箱：

```
# include <工具箱名称>
```

也可将语句中的括号改为双引号，写为：

```
# include "工具箱名称"
```

工具箱有两种基本类型：一种是编程软件为编程者准备的工具箱(本章主要用这种类型的工具箱)，另一种是编程者自制的工具箱。打开工具箱时，尖括号与双引号这两种写法有一定区别。尖括号写法只能打开软件自带的工具箱，双引号写法不仅能打开软件自带的工具箱，也能打开编程者自制的工具箱。双引号写法能打开的工具箱类型更多，因此建议使用双引号写法。

工具箱名称各不相同，但有一个共同点：以“.h”结尾。

3.2 常用工具

1. pow 工具

pow 工具来自工具箱 math.h，该工具的原型是：

```
double pow (double x,  double y);
```

pow 工具的功能是计算 x 的 y 次方，x 和 y 都为双精度浮点数，计算出的结果也是双精度浮点数。打开工具箱 math 之后，在使用这个工具时，只需要写出工具的名称和右边括号中需要参与运算的数据。

【例 3.1】编程，计算 5 的 3 次方，并将结果赋值给变量 z。

```
# include "math.h"     //  程序最前方，打开工具箱
 int main (void)
{
    double z;
    z = pow (5, 3);     // 计算结果赋值给变量 z
    return 0;
}
```

课堂练习 1：某大学内，学生的学号是由学生的公寓号(1-2 位)、楼层号(2 位)、寝室号(2 位)和床铺号(2 位)组合而成。

例如：某学生住 16 栋 5 层 14 号寝室 1 号床铺，则该生学号为 16051401；某学生住 5 栋 12 层 22 号寝室 10 号床铺，则该生学号为 5122210。

用 5 个变量分别表示公寓号、楼层号、寝室号、床铺号和学号，利用 pow 工具写出计算学生学号的语句。

2. sqrt 工具

sqrt 工具来自工具箱 math.h，该工具的原型是：

```
double sqrt (double x);
```

sqrt 工具的功能是计算 x 的平方根，x 为双精度浮点数，计算出的结果也是双精度浮点数。

课堂练习 2：有两个正方体，已知底面积分别为 s1、s2，分别用 v1、v2 表示它们的体积，写出计算 v1、v2 的表达式。

课堂练习 3：用 C 语言表达式描述下面的数学公式。

$$s=\frac{-b+\sqrt{b^2-4ac}}{2a}$$

3. printf 工具

printf 工具来自工具箱 stdio.h。stdio 是 standard input/output (标准输入输出)的缩写。工具箱 stdio.h 在编写控制台程序时使用较多，它主要装有一些用于输出和输入的工具。本章只介绍该工具箱中常用的输出输入工具 printf、scanf、putchar、getchar，更多工具见附录 D。

printf 工具用于输出显示文字。

【例 3.2】编程，显示文字“嵌入式 C 程序设计”。

```
# include "stdio.h"                    // 程序最前方，打开工具箱
int main (void)
{
    printf ("嵌入式C程序设计");        // 要输出的内容写在双引号内
    return 0;
}
```

运行结果为：

```
嵌入式C程序设计请按任意键继续. . .
```

程序运行后，会自动在输出的内容后面显示一句“请按任意键继续” (或是“Press any key to continue!”)。该语句默认显示在输出的内容后，与输出的内容在同一行，能否将该语句置于下一行呢。曾有不少初学者将光标移动到程序中 printf 这一行的末尾，然后按一下回车键，

使程序增加了一个空行，但运行的效果却没有变化。程序在进行文字输出时，只会将“\n”这个特殊的符号(称为转义字符)看做“换行”，程序应写为：

```
# include "stdio.h"
int main (void)
{
    printf ("嵌入式C程序设计\n");    // "\n"必须写在双引号内
    return 0;
}
```

运行结果为：

```
嵌入式C程序设计
请按任意键继续. . .
```

更多转义字符见表 3-1。

表 3-1　转义字符

转义字符	意　　义	ASCII 码值(十进制)
\a	响铃	7
\b	光标退一格	8
\f	换页	12
\n	换行，光标到下一行行首	10
\r	光标回到当前行行首	13
\t	水平制表	9
\v	垂直制表	11
\\	反斜杠(单个)	92
\?	问号字符	63
\’	单引号字符	39
\”	双引号字符	34
\0	空字符(NULL)	0
\ddd	任意字符	3 位八进制数(不足 3 位以 0 开头)
\xhh	任意字符	二位十六进制数(以 x 开头)

课堂练习 4：编程，输出显示以下文字。

```
欢迎进入选歌系统
您可以选播5首歌曲：
序号    歌曲名   类型     歌手
1.      遇见     mp3音乐  孙燕姿
2.      老男孩   mp3音乐  筷子兄弟
3.      Memory   mp3音乐  Elain Paige
4.      Hero     wmv视频  Mariah Carey
5.      听海     wmv视频  张惠妹
请输入歌曲编号选播歌曲：
请按任意键继续. . .
```

除了直接显示文字，printf 工具还能将变量中的内容或表达式的结果以某种形式(用格式符设定)显示输出，这为查看程序运算结果和调试程序带来了极大的方便。用法为：

```
printf ("格式符", 变量名称);    // 输出变量的内容
```

```
printf ("格式符", 表达式);        // 输出表达式的结果
```

常用的输出格式符如表 3-2 所示，更多的输出格式符见附录 D。

表 3-2　常用输出格式符

常用格式符	说　明
%d	输出整数
%f	输出浮点数(包括单精度和双精度)
%c	输出字符
%%	输出单个百分号

【例 3.3】编程，查看变量的值。

```
# include "stdio.h"
int main (void)
{
    int iNum1 = 5, iNum2 = 4;
    int iSum = iNum1 + iNum2;
    printf ("%d\n", iNum1);                  // 查看变量的值
    printf ("%d\n", iNum2);                  // 查看变量的值
    printf ("两个数的和为%d\n", iSum);    // 文字与格式符搭配显示
    return 0;
}
```

运行结果为：

```
5
4
两个数的和为9
请按任意键继续. . .
```

【例 3.4】编程，计算并显示任意两个整数的和、差、乘积、平均值。

```
# include "stdio.h"
int main (void)
{
    int iNum1 = 5, iNum2 = 4;                       // 可根据需要修改两个值
    printf ("参与运算的两个整数分别是%d 和%d\n", iNum1, iNum2); // 输出多个变量的值
    printf ("和为%d\n", iNum1 + iNum2);     // 输出表达式的结果
    printf ("差为%d\n", iNum1 - iNum2);     // 输出表达式的结果
    printf ("乘积为%d\n", iNum1 * iNum2);  // 输出表达式的结果
    printf ("平均值为%f\n", (iNum1 + iNum2) / 2.0 );  // 平均值应为浮点数
    return 0;
}
```

运行结果为：

```
参与运算的两个整数分别是5和4
和为9
差为1
乘积为20
平均值为4.500000
请按任意键继续. . .
```

printf 可在格式符中增加对输出宽度与精度的控制，形式为："%数据宽度.精度 格式类型。"宽度指输出数据的总位数，如为浮点数，小数点计 1 位。若宽度小于数据可输出的最少位数，

则宽度设置无效。精度是指浮点型数据小数点后保留的位数(自动四舍五入)。如语句“printf ("%6.2f", 457.845);”输出 457.85。

printf 工具还可在格式符中添加格式修饰符来使输出内容的格式多样化，常用的输出格式修饰符见表 3-3。

表 3-3　常用输出格式修饰符

输出格式修饰符	含　义
–	左对齐，右填空格(缺省则右对齐，左填空格) 例如：“%-10d”
+	使输出的数据前带有正负符号 例如：“%+6.3f”
空格	有符号数若值为正，则带前导空格(不显示正号)，若值为负，则带负号显示。+号会覆盖空格 例如：“% 6.3f”
#	在输出的八进制和十六进制数之前添加 0 或 0x

4. scanf 工具

scanf 工具来自工具箱 stdio.h，它用于从键盘输入文字，形式为：

```
scanf ("格式符", &变量名称);    // 输入内容到变量中
```

常用的输入格式符如表 3-4 示，更多输入格式符见附录 D。

表 3-4 常用输入格式符

常用格式符	说　明
%d	输入整数
%f	输入单精度浮点数
%lf	输入双精度浮点数
%c	输入字符

【例 3.5】输入格式符单独使用。

```
# include "stdio.h"
int main (void)
{
    int iNum;                      // 定义一个用于装整数的变量
    scanf ("%d", &iNum);           // 从键盘上输入一个整数到变量 iNum 中
    printf ("%d\n", - iNum);       // 查看输入数据的相反数
    return 0;
}
```

运行时，在键盘上输入一个整数，比如 3000，按回车键送入，显示结果为：

```
3000
-3000
请按任意键继续. . .
```

scanf 工具的双引号中实际是在输入时要写入的内容，输入格式符可以和其他文字混合使用，但只有格式符所代表的内容能被装入变量中。

【例 3.6】输入格式符与其他文字混合使用。

```
# include//stdio.h"
int main (void)
{
    int iNum;   // 定义一个用于装整数的变量
    scanf ("请输入%d", &iNum); // 从键盘上输入一个整数到变量 iNum 中
    printf ("它的相反数是%d\n", - iNum);  // 查看输入数据的相反数
    return 0;
}
```

运行时，用键盘写下“请输入 3000”，注意必须在数据之前写“请输入”3 个字，按回车键送入，“%d”代表的 3000 会被送入变量 iNum 中。显示结果为：

```
请输入3000
它的相反数是-3000
请按任意键继续. . .
```

编程时，实际没有必要在 scanf 语句的双引号中写过多的文字(尤其是汉字)，那样做只会给程序运行时的输入操作带来不便。上面的程序改成下面的写法，显示效果一样，输入操作时只须写数据，方便了许多。

```
# include "stdio.h"
int main (void)
{
    int iNum;   // 定义一个用于装整数的变量
    printf ("请输入");
    scanf ("%d", &iNum); // 从键盘上输入一个整数到变量 iNum 中
    printf ("它的相反数是%d\n", - iNum);  // 查看输入数据的相反数
    return 0;
}
```

printf 工具能实现用一条语句输出多个变量或表达式的值，scanf 工具能实现用一条语句输入多个值到各个变量中。

【例 3.7】输出任意两个数到变量 x 和 y 中，输出结果 x^y。

```
# include "stdio.h"                // 打开装有 printf 和 scanf 工具的工具箱
# include "math.h"                 // 打开装有 pow 工具的工具箱
int main (void)
{
    double x, y;                   // pow 工具对双精度浮点数进行运算
    scanf ("%lf, %lf", &x, &y);    // 双精度浮点数对应的输入格式符为%lf
    printf ("%f\n", pow (x, y));   // 单(双)精度浮点数对应的输出格式符都为%f
    return 0;
}
```

程序运行时，若输入 2.5 和 3，运行结果为：

```
2.5,3
15.625000
请按任意键继续. . .
```

由于 scanf 工具中两个格式符之间用逗号间隔，则在输入时，两个数之间必须有逗号，逗号前的数送入变量 x，逗号后的数送入变量 y。

课堂练习 5：编程，任意输入一个数，分别输出该数的平方、立方和四次方结果。

课堂练习 6：编程，输入一个任意整数，若该数大于等于零，则在屏幕显示“非负数”；若该数小于零，则在屏幕显示“负数”。

5. putchar 与 getchar 工具

有时，需要从键盘上输入字母或符号(统称字符)到变量中，或者在屏幕上输出显示字符。第一章曾提到变量中的内容都是数值数据，本节却要给变量装入字符，是否前后矛盾呢？字符本质上也是数值，我们看到的字符仅仅是这些数值的某种外表而已。

字符在计算机内实际上是范围在 0～127 的数值编码，这些编码称为 ASCII 码。每一个字符都唯一对应一个 ASCII 码。由于范围在 0～127，用于存放字符的变量通常定义为 char 类型。

如何将字符赋值给变量呢？有两种方法。一种是将字符的 ASCII 码赋值给变量，可在附录 A 中查询字符 ASCII 码，如将字母 A 赋值给变量 cTemp，可用语句“cTemp = 65;”实现。另一种方法是将字符自动转换为 ASCII 码后再赋值给变量，写法是给字符加上一对单引号，如语句“cTemp = 65;”也可写为“cTemp = ‘A’;”。

若用 printf 和 scanf 工具实现字符的输出输入，应使用%c 作为格式符。

【例 3.8】输入一个大写字母，输出它对应的小写字母。

```
# include "dio.h"
int main (void)
{
    char cTemp;
    scanf ("%c", &cTemp);
    if (cTemp >= 'A' && cTemp <= 'Z')
    {
        printf ("%c", cTemp + 32);     // 小写字母 ASCII 码比大写字母 ASCII 码大 32
    }
    return 0;
}
```

程序运行时，若输入 M，则输出 m：

```
M
m请按任意键继续. . .
```

字符的输出和输入除了可用 printf 和 scanf 工具，还可用 putchar 和 getchar 工具。

putchar 工具来自工具箱 stdio.h。该工具专用于将某个字符型变量中的内容显示输出。例如，将变量 x 中的字符输出，可用语句“putchar (x);”实现。

getchar 工具来自工具箱 stdio.h。该工具专用于输入字符到某个字符型变量中。例如，输入字符到变量 x 中，可用语句“x = getchar( );”实现。

若在【例 3.8】的程序中，改用 putchar 和 getchar 工具，则程序为：

```
# include "stdio.h"
int main (void)
{
    char cTemp;
    cTemp = getchar ( );
    if (cTemp >= 'A' && cTemp <= 'Z')
    {
```

```
        putchar (cTemp + 32);
    }
    return 0;
}
```

课堂练习 7：编程，任意输入一个英文字母，若它是大写字母，则显示对应的小写英文字母；若它是小写字母，则显示对应的大写英文字母。

6. getche 与 getch 工具

来自 conio.h 中的 getche 及 getch 工具，与 stdio.h 中的 getchar 工具的功能接近，都是接收一个字符的输入，但它们有一定区别。

getchar 是带回显输入字符，输入时，输入的字符会显示在控制台窗口中，必须按下回车键才能把字符输入；getche 也是带回显输入字符，输入时，输入的字符会显示在控制台窗口中，但它不须按下回车键就能将字符输入；getch 是不带回显输入字符，输入时，输入的字符不会显示在控制台窗口中，它不须按下回车键便能完成输入。

课堂练习 8：运行下面 3 段程序，对比它们在输入输出上的区别。

<table>
<tr>
<td><pre>
include “stdio.h”
int main (void)
{
    char cx;
    cx = getchar ( );
    printf ("你输入了%c", cx);
    return 0;
}
</pre></td>
<td><pre>
include “stdio.h”
include “conio.h”
int main (void)
{
    char cx;
    cx = getche ( );
    printf (“你输入了%c”, cx);
    return 0;
}
</pre></td>
<td><pre>
include “stdio.h”
include “conio.h”
int main (void)
{
    char cx;
    cx = getch ( );
    printf (“你输入了%c”, cx);
    return 0;
}
</pre></td>
</tr>
</table>

7. 延时与清屏工具

延时工具 Sleep 来自于工具箱 windows.h。该工具计时以毫秒为单位，如 Sleep (1000)表示 1 秒的延时。

课堂练习 9：编写 5 秒倒计时程序，从数字 5 到 0 依次显示，每行显示一个数，计时完成显示“Time Out”。

清屏工具 system (“cls”)也来自于工具箱 windows.h。该工具用于清除控制台窗口中所有的文字。

课堂练习 10：编写 5 秒倒计时程序，从数字 5 变化到数字 0，计时完成显示“Time Out”。

8. 工具箱与工具的真名

本章为便于初学者理解，多次使用“工具箱”和“工具”等词语。实际上，在 C 程序中，工具箱被称为“头文件”，打开工具箱称为“包含头文件”；工具被称为“函数”，使用工具称为“调用函数”。

3.3　无限循环

大多数程序是面向用户而开发的，根据用户需求，程序常常需要有“重复运行”的功能。重复运行的程序要靠无限循环结构来实现。常用的无限循环结构有两种：while 循环结构和 for 循环结构。

while 无限循环结构常用形式为：

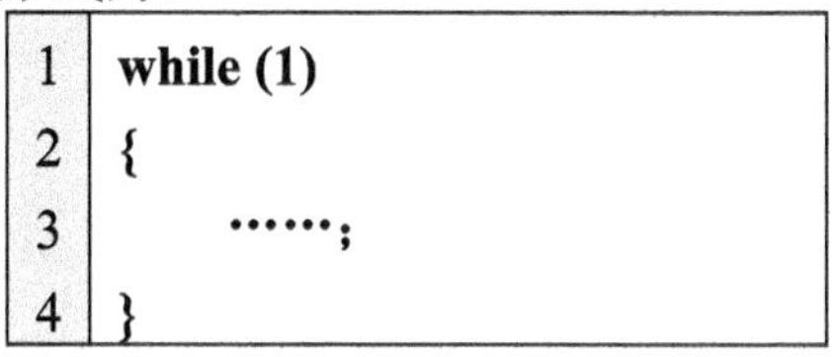

```
1  while (1)
2  {
3        ……;
4  }
```

while 右侧的圆括号中通常写数值 1，需要重复执行的语句置于 while 结构的花括号中。花括号内语句按顺序执行一遍后，再依次重复执行。

for 无限循环结构常用形式为：

```
1  for (;;)
2  {
3        ……;
4  }
```

for 右侧的圆括号中通常写两个分号，需要重复执行的语句置于 for 结构的花括号中。花括号内语句按顺序执行一遍后，再依次重复执行。

注意：

while 循环和 for 循环本质相同，仅仅形式不同而已。编程时，可在两种结构中任选。

课堂练习 11： 编程，显示数字，从数字 5 变化到数字 0，无限次数重复。

3.4　基本注释规范

在学习 C 语言的过程中，经常需要做编程练习。做编程练习时，学习者往往是直接在编程软件中写程序代码。而真正面向用户开发的程序，则必须在程序代码中给出注释。

例如，添加“文件头注释”如下：

```
/**************************************************************
* 版权所有 2010，XX 公司
* 文件名称：xxx.c 或 XXX.CPP
* 内容摘要：简要描述程序功能
* 当前版本：v1.0
* 作    者：XXX
* 完成日期：XX 年 XX 月 XX 日
**************************************************************/

#include "xxxx.h"
```

```
int main (void)
……
```

程序源文件开头，要写出程序文档的版权、文件名称、程序内容(功能)摘要、程序版本(最初版本为 1.0)、作者、完成日期等信息。

if、while、for 等结构，在末尾给出结构头部的副本，例如：

```
while (1)
{
    if (a > 1)
    {
        ……;
    }/* if (a > 1) */
}/* while (1) */
```

程序规模较大时，可将程序划分为多个模块或多个段落。为了便于程序被阅读，可以在段落之间空出若干行，并给出每一段的功能描述。

3.5 实作：时钟

1. 任务描述

设计时钟程序，能显示年、月、日、小时、分、秒信息。

2. 功能实现

1) 获得时间信息

获得系统时间信息可用 windows.h 中的 SYSTEMTIME 结构体类型和 GetLocalTime 函数实现。

SYSTEMTIME 结构体类型由以下成员组成。

```
struct
{
    unsigned short wYear;           // 年
    unsigned short wMonth;          // 月
    unsigned short wDayOfWeek;      // 星期，0 为星期一，1 为星期二……
    unsigned short wDay;            // 日
    unsigned short wHour;           // 时
    unsigned short wMinute;         // 分
    unsigned short wSecond;         // 秒
    unsigned short wMilliseconds;   // 毫秒
} SYSTEMTIME;
```

程序中，应定义一个 SYSTEMTIME 类型的结构体用于容纳各个数据，语句为：

```
SYSTEMTIME t; // 定义 SYSTEMTIME 类型的结构体，结构体名称为 t
```

GetLocalTime 函数的功能是获取系统时间，包括年、月、日、时、分、秒等数据，将这些数据赋值给 SYSTEMTIME 类型结构体的各个成员。

要将 GetLocalTime 函数获取的时间数据装入结构体 t 中，语句为：

```
GetLocalTime (&t);
```

要显示时间，只需要将结构体中的各个成员的值输出即可。

2) 时间更新

时间每分每秒都在变化，要使得显示的时间与系统时间同步，应采用无限循环结构来反复获得系统时间(每秒获取一次)。已显示的时间数据应在一秒后清除。程序段为：

```
while (1)
{
    GetLocalTime (&t);
    printf ("今天是:%d年%d月%d日\n", t.wYear, t.wMonth, t.wDay);
    printf ("现在时刻:%d时%d分%d秒\n", t.wHour, t.wMinute, t.wSecond);
    Sleep (1000);
    system ("cls");
}
```

3. 程序整合

将以上程序段整合为完整程序，并输出一些符号用于美化程序效果，程序如下：

```
# include "stdio.h"
# include "windows.h"
int main (void)
{
   SYSTEMTIME t;
   while(1)
   {
       GetLocalTime (&t);
       printf ("******************************\n");
       printf ("******************************\n");
       printf ("******************************\n");
       printf ("*                            *\n");
       printf ("*  今天是:%d年%d月%d日      *\n",t.wYear, t.wMonth, t.wDay);
       printf ("* 现在时刻:%d点%d分%d秒  *\n",t.wHour, t.wMinute, t.wSecond);
       printf ("*                            *\n");
       printf ("******************************\n");
       printf ("******************************\n");
       printf ("******************************\n");
       Sleep (1000);
       system ("cls");
   }
   return 0;
}
```

4. 运行程序

运行程序，会显示当前时间，如图 3.2 所示。

图 3.2　运行效果

3.6 习　　题

第1题：若fv为float类型变量，关于以下两条语句说法正确的是(　　)。

```
fv = 236.344952;
printf("%-4.2f\n", fv);
```

A．输入宽度不够，不能输出

B．输出为236.35

C．输出为236.34

D．输出为-236.34

第2题：写出程序的输出结果。

```
int number = 4321;
float fy = 123.456789;
printf ("%10.4f\n%-10.4f\n",fy,fy);
printf ("%8d\n%-8d\n",number,number);
```

第3题：写出程序的输出结果。

```
char ch1, ch2;
ch1 = 'a' + '8' - '4';
ch2 = 'a' + '8' - '2';
printf ("%c,%d\n",ch2,ch1);
```

第4题：编程，输入一个字符，输出其对应的ASCII码值。

第5题：编写一个程序，完成将用户输入的任意一个大写字母转换成小写字母。

第6题：编程，输入一个3位数，把3个数字逆序组成一个新数，再输出。例如，输入369，则输出963。

第7题：编程，输入x的值，计算并输出多项式 $5x^4 + 4x^3 - 3x^2 +2$ 的值。

第4章 条件判断问题

教学目标

通过本章的学习，使学生能设计较复杂的分支结构程序。

教学要求

知识要点	能力要求	关联知识
分支结构	(1) 掌握双分支结构程序设计 (2) 掌握多分支结构程序设计	if – else 结构 if – else 嵌套结构 if – else if 结构 条件表达式 条件表达式的嵌套 switch 结构 break 语句
关系运算符	用各种关系运算符来表示分支结构的条件	==、!=、>、<、>=、<=6 个关系运算符
逻辑运算符	用逻辑运算符来表示多重条件	&&、‖两个逻辑运算符

重点难点

- ✧ if – else 结构
- ✧ if – else if 结构
- ✧ 条件表达式
- ✧ switch 结构

生活中经常会遇到判断与选择的问题，如在两名学生中选择一名去参加技能竞赛；在选秀节目中选出一部分选手进入下一轮选拔；购买商品时从众多物品中挑选一件；在 0～1000 的整数中选出一部分数据进行运算处理等。

面临选择时，选择的结果往往需要根据一个或多个条件来判断决定。如在两名学生中选择动手能力较强的一名去参加技能竞赛；在选秀节目中选出评委打分及格的选手进入下一轮选拔；购买商品时选择性价比最高的一件；在 0～1000 的整数中选出既能被 3 整除，又能被 5 整除的数进行求和等。

本章要介绍的便是如何用 C 程序语句去描述这些单条件或多重条件的选择问题。

4.1　if–else 结构

若用 iLength 和 iWidth 分别表示一个矩形的长和宽，如何判断该矩形是正方形还是长方形。判断方法是：若 iLength 与 iWidth 相等，则是正方形；若 iLength 与 iWidth 不相等，则是长方形。如何用语句来描述这句话呢，初学者很容易想到 if 结构。用 if 结构是对的，那么 if 结构中的条件如何书写？“相等”用双等号“==”表示，“不相等”用“！=”表示。

【例 4.1】输入两个数，分别代表矩形的长和宽，判断该矩形是正方形还是长方形，显示判断结果。

```
# include "stdio.h"
int main (void)
{
    int iLength, iWidth;
    scanf ("%d, %d", &iLength, &iWidth);
    if (iLength == iWidth)
    {
        printf ("正方形\n");
    }
    if (iLength != iWidth)
    {
        printf ("长方形\n");
    }
    return 0;
}
```

运行时，若输入 3 和 5，显示结果为：

```
3,5
长方形
请按任意键继续. . .
```

对于一个矩形，判断它是正方形或长方形，判断的结果只有两种：要么是正方形，要么是长方形。换句话说，如果 iLength 与 iWidth 不满足相等的条件，则必然是长方形，没必要再去判断 iLength 与 iWidth 是否不相等。判断两种完全互斥的情况，可用 if－else 结构使程序得到简化，上述程序可改写为：

```
# include "stdio.h"
int main (void)
{
```

```
    int iLength, iWidth;
    scanf ("%d, %d", &iLength, &iWidth);
    if (iLength == iWidth)
    {
        printf ("正方形\n");
    }
    else                    // 当前方 if 结构的条件不满足时，直接执行 else 中的语句
    {
        printf ("长方形\n");
    }
    return 0;
}
```

课堂练习 1：编程，任意输入一个整数，显示该数是奇数还是偶数，显示结果。

用 iLength、iWidth 和 iHeight 分别表示一个立方体的长、宽和高，如何判断它是正方体还是长方体。若长、宽、高相等则是正方体，否则是长方体，这种判断方法是对的，但怎样用语句来表示。初学者可能认为 3 个数相等应写为“iLength == iWidth == iHeight”，这是错误的，数与数比较大小只能两两比较。条件“iLength == iWidth == iHeight”可分成两个条件“iLength == iWidth”和“iWidth == iHeight”，若这两个条件同时满足，则是正方体。在程序中要判断多个条件是否同时满足，可用运算符“&&”(表示“并且”)将多个条件连接起来。

【例 4.2】输入 3 个数，代表立方体的长、宽、高，判断它是正方体还是长方体，显示判断结果。

```
# include "stdio.h"
int main (void)
{
    int iLength, iWidth, iHeight;
    scanf ("%d, %d, %d", &iLength, &iWidth, &iHeight);
    if (iLength == iWidth && iWidth == iHeight)
    {
        printf ("正方体\n");
    }
    else
    {
        printf ("长方体\n");
    }
    return 0;
}
```

运行时，若输入 3 个 5，显示结果为：

```
5,5,5
正方体
请按任意键继续. . .
```

课堂练习 2：3 个评委给选手打分，采用百分制，若评委给分都及格，则选手入围，否则被淘汰。输入评委给分，显示评选结果。

【例 4.3】输入 4 个整数，判断其中是否有负数，若有，则显示“存在负数”；若无，则显示“无负数”。

用 iNum1、iNum2、iNum3、iNum4 分别表示 4 个非零整数，如何判断 4 个数中是否存在负数。4 个数中至少有一个数小于零，则说明存在负数。换句话说，(iNum1 < 0)、(iNum2 < 0)、(iNum3 < 0)、(iNum4 < 0)这 4 个条件中，只要有一个成立，则说明存在负数。这种不需要同时满足的多个条件，可用运算符“||”(表示“或者”)连接。

程序如下：

```
# include "stdio.h"
int main (void)
{
   int iNum1, iNum2, iNum3, iNum4;
   scanf("%d, %d, %d, %d", &iNum1, &iNum2, &iNum3, &iNum4);
   if ((iNum1 < 0) || (iNum2 < 0) || (iNum3 < 0) || (iNum4 < 0))
   {
      printf ("存在负数\n");
   }
   else
   {
      printf ("无负数\n");
   }
   return 0;
}
```

运行时，若输入的数中有负数，显示结果为：

```
-6, 80, 100, 350
存在负数
请按任意键继续. . .
```

4.2 if-else 嵌套与 if-else if 结构

4.1 节中的程序，都是根据条件判断得出两种不同的结论。然而，在更多的情况下，对一个问题进行判断分析会得出两个以上的结果。例如，在数学中经常会出现这样的式子：

$$iy = \begin{cases} ix & (ix < 1) \\ 2 * ix - 1 & (1 \leqslant ix < 10) \\ 3 * ix - 11 & (ix \geqslant 10) \end{cases}$$

ix 在不同的范围内取值时，iy 的值随之变化。若用 C 语言语句来描述这个式子，初学者首先想到的是用 3 个 if 结构来描述，这当然是正确的。实际这个式子也可从“一分为二”的角度来描述，如下式：

$$iy = \begin{cases} ix & (ix < 1) \\ \begin{cases} 2 * ix - 1 & (1 \leqslant ix < 10) \\ 3 * ix - 11 & (ix \geqslant 10) \end{cases} & \end{cases}$$

上式中，ix 的后面两个取值范围合并起来就是(ix≥1)，以 ix 与 1 的关系来作为第一次判断的条件，若不满足条件(ix < 1)，则必定(ix≥1)。在条件(ix≥1)成立的情况下，若不满足条件

$(1 \leqslant ix < 10)$，则必定$(ix \geqslant 10)$。因此上式也可用 if – else 的嵌套结构来描述，如下：

```
if (ix < 1)
{
    iy = ix;
}
else
{
    if (1 <= ix && ix < 10)
    {
        y = 2 * ix - 1;
    }
    else
    {
        y = 3 * ix - 11;
    }
}
```

需要注意的是，若采用 if – else 嵌套结构，尤其是 if 和 else 的数量较多时，因为 else 默认和前方距离它最近的 if 配对，初学者对编程不够熟练，最好使 if 和 else 的数量相等，否则程序容易出错。

当程序中分支较多时，采用上述的 if – else 嵌套结构固然简单，但书写却很烦琐。C 语言为了简化 if – else 嵌套结构，允许采用 if – else if 结构来代替。一般形式为：

```
1   if (条件 1)
2   {
3         …… ; // 若条件 1 成立，则执行此处语句
4   }
5   else if (条件 2)
6   {
7         …… ; // 若条件 2 成立，则执行此处语句
8   }
9
10  ……
11
12  else if (条件 n)
13  {
14        …… ; // 若条件 n 成立，则执行此处语句
15  }
16  else
17  {
18        …… ; // 若前方条件都不成立，则执行此处语句
19  }
```

if – else if 结构用于三分支或更多分支结构程序设计。在使用 if – else if 结构时，第一部分用 if 结构，最后一部分用 else 结构，中间的若干部分全用 else if 结构。凡是有 if 出现，其后必须给出条件，else 单独用时，后面不写条件。

课堂练习 3：输入一个 0～5 的整数作为五分制成绩，输出显示对应的等级。分数与等级的对应关系为：

分数	5	4	3	2	1	0
等级	优秀	良好	及格	不及格		

课堂练习 4：4 个边长 2m 的方塔，底面的中心点分别在(2, 2)、(−2, 2)、(2, −2)、(−2, −2)。4 个塔的高度分别为 7m、8m、9m、10m，塔外无建筑物。

(1) 画出俯视坐标图。

(2) 输入地面上任意点坐标 x 和 y，显示该点建筑物高度。

4.3 条件表达式

C 语言中还可用条件表达式来描述分支及多分支结构，形式为：

(条件)？语句或表达式 1 ：语句或表达式 2;

若条件成立，则“语句或表达式 1”有效，否则“语句或表达式 2”有效。

【例 4.4】输入两个不等的整数，输出其中较大者。

```
# include "stdio.h"
int main (void)
{
    int iNum1, iNum2;
    scanf ("%d, %d", &iNum1, &iNum2);
     (iNum1 > iNum2) ? printf ("%d", iNum1) : printf ("%d", iNum2);
    return 0;
}
```

主函数内第 3 行还可写为：printf("%d",(iNum1 > iNum2)?iNum1: iNum2);

课堂练习 5：填空，输入两个不等的整数，输出其中较大者。

```
# include "stdio.h"
int main (void)
{
    long lNum1, lNum2, iMax;
    scanf ("%d, %d", &lNum1, &lNum2);
    iMax = 
    printf("%d", iMax);
    return 0;
}
```

条件表达式也可嵌套，其中的“语句或表达式”可以是条件表达式。

课堂练习 6：填空，输入 3 个不等的整数，输出其中最大者。

```
# include "stdio.h"
int main (void)
{
    short nNum1, nNum2, nNum3;
```

```
    scanf ("%d, %d, %d", &nNum1, &nNum2, &nNum3);
    ______________________________________________
    return 0;
}
```

课堂练习 7：填空，输入3个不等的整数，输出其中最大者。

```
# include "stdio.h"
int main (void)
{
    short nNum1, nNum2, nNum3, nMax;
    scanf ("%d, %d, %d", &nNum1, &nNum2, &nNum3);
    nMax = ________________________________________
    printf ("%d", nMax);
    return 0;
}
```

4.4 switch结构与break语句

多分支程序还有另一种表达方式，这种结构的原理就像电路中的多路开关：switch结构。它的一般形式为：

1	**switch (分支节点)**
2	**{**
3	**case 常量1: 语句组1;** // 若分支节点的值为常量1，则执行语句组1
4	**case 常量2: 语句组2;** // 若分支节点的值为常量2，则执行语句组2
5	**……**
6	**case 常量n: 语句组n;** // 若分支节点的值为常量n，则执行语句组n
7	**default: 语句组n+1;** /* default类似于else，若分支节点的值与前方
8	所有常量都不等，则执行语句组n + 1 */
9	**}**

【例4.5】输入一个0～5的整数作为五分制成绩，输出显示对应的等级。

```
# include "stdio.h"
int main (void)
{
    short nScore;
    scanf ("%d", &nScore);
    switch (nScore)                          // 将变量nScore的取值分为多种情况
    {
        case 5:  printf ("优秀\n");          // nScore取值为5的情况
        case 4:  printf ("良好\n");          // nScore取值为4的情况
        case 3:  printf ("及格\n");          // nScore取值为4的情况
        default: printf ("不及格\n");        // 其他(默认)情况
    }
    return 0;
}
```

运行程序，若输入 5，显示结果为：

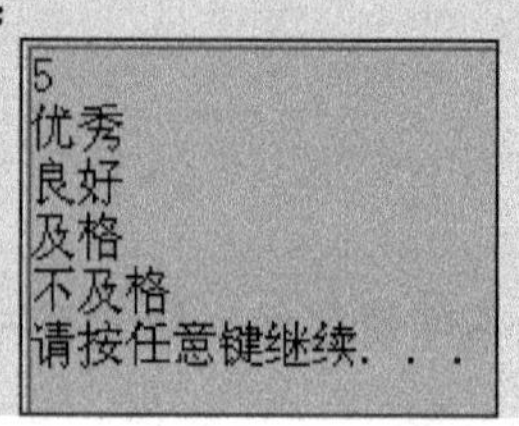

程序运行时，输入 5，原本应输出“优秀”，却还输出了其他等级。再运行一次，输入 4，程序会输出“良好”、“及格”和“不及格”。若再运行一次，输入 3，程序会输出“及格”和“不及格”。这是怎么回事呢？

switch 结构的执行顺序如图 4.1 所示。

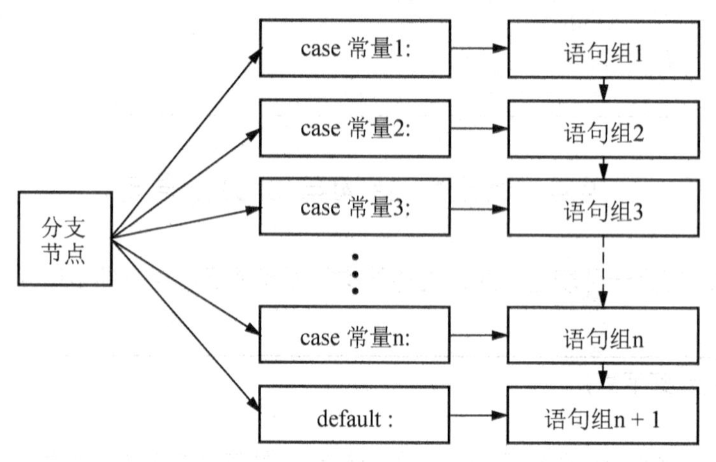

图 4.1　switch 结构的执行顺序

当语句组 $i(0 < i < n + 1)$执行后，会接着执行后面的语句组。这种执行顺序产生的结果和编程者需要的结果不一致。编程者需要的是语句组 $i(0 < i < n + 1)$执行后，跳过后面的其他语句组，结束 switch 结构。如何能做到呢？答案：用 break 语句。

在每个分支的语句组后加上 break 语句，它能使程序的执行从当前位置跳出 switch 结构，如下：

```
1  switch (分支节点)
2  {
3      case 常量 1: 语句组 1; break;    // 执行语句组 1 后，跳出 switch 结构
4      case 常量 2: 语句组 2; break;    // 执行语句组 2 后，跳出 switch 结构
5      ……
6      case 常量 n: 语句组 n; break;    // 执行语句组 n 后，跳出 switch 结构
7      default: 语句组 n+1;             /* 因语句组 n + 1 之后无其他语句组，
8                                        此分支可省略 break 语句 */
9  }
```

上例程序应改为：

```
/* 输入一个 0～5 的整数作为五分制成绩，输出显示对应的等级。*/
# include"stdio.h"
```

```
int main (void)
{
    short nScore;
    scanf ("%d", &nScore);
    switch (nScore)                          // 将变量nScore的取值分为多种情况
    {
        case 5:  printf ("优秀\n"); break;   // nScore取值为5的情况
        case 4:  printf ("良好\n"); break;   // nScore取值为4的情况
        case 3:  printf ("及格\n"); break;   // nScore取值为4的情况
        default:  printf ("不及格\n");        // 其他(默认)情况
     }
    return 0;
}
```

课堂练习 8：输入一个 0～10 的整数作为十分制成绩，输出显示对应等级。分数与等级的对应关系为：

分数	10	9	8	7	6	5	4	3	2	1	0
等级	满分	优秀	良好	中等	及格	不及格					

课堂练习 9：输入一个 0～100 的整数作为百分制成绩，输出显示对应等级。分数与等级的对应关系为：

分数	100	99～90	89～80	79～70	69～60	低于 60
等级	满分	优秀	良好	中等	及格	不及格

4.5　实作：简单选播系统

1. 任务描述

编写简单选播系统。系统功能需求：

(1) 能播放 wma、mp3 格式音频和 wmv、avi 格式视频。

(2) 能显示音乐列表，见表 4-1。

表 4-1　可选播文件列表

音乐名	类　型	歌　手
遇见	mp3 音乐	孙燕姿
老男孩	mp3 音乐	筷子兄弟
Memory	mp3 音乐	Elain Paige
woman in love	wmv 视频	郑秀文

(3) 能进行音乐、视频选择。

(4) 可重新选歌。

(5) 有操作提示。

2. 功能实现

1) 格式支持

调用 windows.h 中的 mciSendString 函数，可实现 wma、mp3 格式音频和 wmv、avi 格式视频的播放。

播放媒体文件需要在编程环境中连接库文件 winmm.lib。

C-Free5 环境连接该库文件的方法，是在【构建】主菜单中打开【构建选项】对话框，在【连接】选项卡中添加“winmm”，如图 4.2 所示。

VC6.0 环境连接该库文件的方法，是在【工程】主菜单中打开【设置】菜单项，在【连接】选项卡的【对象/库模块】文本框中添加“winmm.lib”，用空格与其他库文件间隔开，如图 4.3 所示。

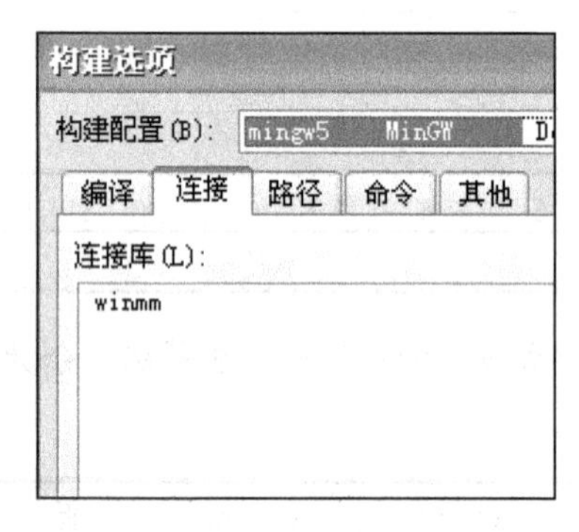

图 4.2 C-Free5 环境连接库文件

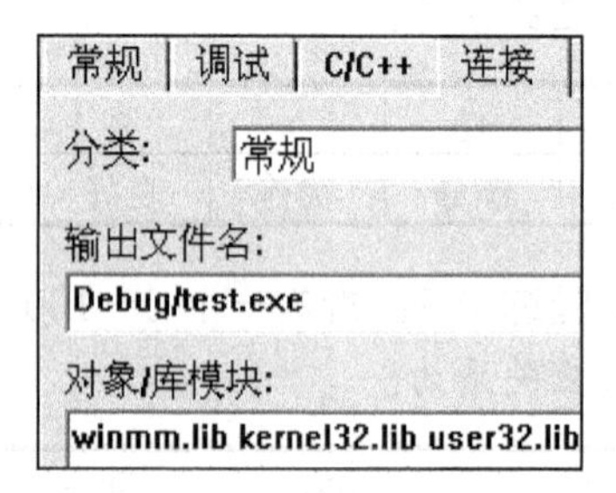

图 4.3 VC6.0 环境连接库文件

mciSendString 函数有以下几种基本用法。

(1) 打开媒体文件。要播放媒体文件，必须先将其打开，用 mciSendString 函数打开媒体文件的常用形式为：

```
mciSendString("open 文件路径 alias 代名词", NULL, 0, NULL);
```

此调用能按照路径打开媒体文件，并用“代名词”来代替“文件路径”，如：

```
mciSendString ("open music\\遇见.mp3 alias music", NULL, 0, NULL);
```

语句打开了工程目录内文件夹 music 中的音乐文件“遇见.mp3”，将“music\\遇见.mp3”这个路径简写为“music”。此后对这个音乐文件进行操作，可以用“music”代替文件路径。

(2) 播放媒体文件。在打开媒体文件并为该文件设定代名词之后，可通过 mciSendString 函数的 play 命令来播放媒体文件。用 mciSendString 函数播放媒体文件的常用形式为：

```
mciSendString("play 代名词", NULL, 0, NULL);
```

如：

```
mciSendString ("play music", NULL, 0, NULL);
printf("按任意键停止播放");
```

(3) 停止播放及关闭媒体文件。停止播放媒体文件的常用形式为：

```
mciSendString("stop 代名词", NULL, 0, NULL);
```

关闭媒体文件的常用形式为：

```
mciSendString("close 代名词", NULL, 0, NULL);
```

2) 文件列表显示

用printf函数实现菜单的显示，为了便于选播，可以对文件进行编号，程序段为：

```
printf ("************** 简单选播系统 **************\n");
printf ("编号\t 音乐名\t\t\t 类型\t\t 歌手\n");
printf ("1\t 遇见\t\t\tmp3 音乐\t\t 孙燕姿\n");
printf ("2\t 老男孩\t\t\tmp3 音乐\t\t 筷子兄弟\n");
printf ("3\tMemory\t\t\tmp3 音乐\t\tElain Paige\n");
printf ("4\twoman in love\t\twmv 视频\t\t 郑秀文\n\n");
```

输出菜单时，最后一个输出语句末尾用了两个“\n”。

3) 音乐及视频选择

用户通过输入音乐编号选择音乐或视频，用conio.h中的getche函数实现输入。程序根据用户输入的编号打开音乐文件，代码为：

```
char cChoose;
printf ("请输入音乐编号选择歌曲\n");
cChoose = getche( );
switch (cChoose)
{
    case '1':
        mciSendString("open music\\遇见.mp3 alias music", NULL, 0, NULL);
        printf ("\n 正在播放：遇见.mp3\n");
        break;
    case '2':
        mciSendString("open music\\老男孩.mp3 alias music ", NULL, 0, NULL);
        printf ("\n 正在播放：老男孩.mp3\n");
        break;
    case '3':
        mciSendString("open music\\Memory.mp3 alias music ", NULL, 0, NULL);
        printf ("\n 正在播放：Memory.mp3\n");
        break;
    case '4':
        mciSendString("open music\\woman-in-love.wmv alias music", NULL, 0, NULL);
        printf ("\n 正在播放：woman in love.wmv\n");
        break;
}
```

switch结构编写多分支结构程序时，可根据需要去掉default分支。注意，歌曲文件名称中不要出现空格，如图4.4所示。

图4.4　文件命名

4) 播放、停止及关闭功能实现

在用户输入音乐编号后，对应的音乐自动播放，按下任意键可停止播放，关闭当前音乐文件。代码为：

```
mciSendString("play music", NULL, 0, NULL);
printf ("按任意键停止并重新选歌\n");
getch( );
mciSendString("stop music", NULL, 0, NULL);
mciSendString("close music", NULL, 0, NULL);
```

5) 重新选歌

通过无限循环结构，清屏后重新执行程序。

3. 程序整合

将上一小节各个模块程序段整合为一个完整程序，如下：

```
# include "stdio.h"
# include "windows.h"
# include "conio.h"
int main (void)
{
    char cChoose;
    while(1)
    {
      printf ("************** 简单选播系统 **************\n");
      printf ("编号\t音乐名\t\t\t类型\t\t歌手\n");
      printf ("1\t遇见\t\t\tmp3音乐\t\t孙燕姿\n");
      printf ("2\t老男孩\t\t\tmp3音乐\t\t筷子兄弟\n");
      printf ("3\tMemory\t\t\tmp3音乐\t\tElain Paige\n");
      printf ("4\twoman in love\t\twmv视频\t\t郑秀文\n\n");
      printf ("请输入音乐编号选择歌曲\n");
      cChoose = getche( );
      switch (cChoose)
      {
        case '1':
          mciSendString("open music\\遇见.mp3 alias music", NULL, 0, NULL);
          printf ("\n正在播放：遇见.mp3\n");
          break;
        case '2':
          mciSendString("open music\\老男孩.mp3 alias music ", NULL, 0, NULL);
          printf ("\n正在播放：老男孩.mp3\n");
          break;
        case '3':
          mciSendString("open music\\Memory.mp3 alias music ", NULL, 0, NULL);
          printf ("\n正在播放：Memory.mp3\n");
          break;
        case '4':
          mciSendString("open music\\woman-in-love.wmv alias music ",NULL,0,NULL);
          printf ("\n正在播放：woman in love.wmv\n");
          break;
      }
      mciSendString("play music", NULL, 0, NULL);
      printf ("按任意键停止并重新选歌\n");
      getch( );
      mciSendString("stop music", NULL, 0, NULL);
      mciSendString("close music", NULL, 0, NULL);
      system("cls");
    }
    return 0;
}
```

4. 运行程序

运行程序，会显示音乐列表，如图 4.5 所示。

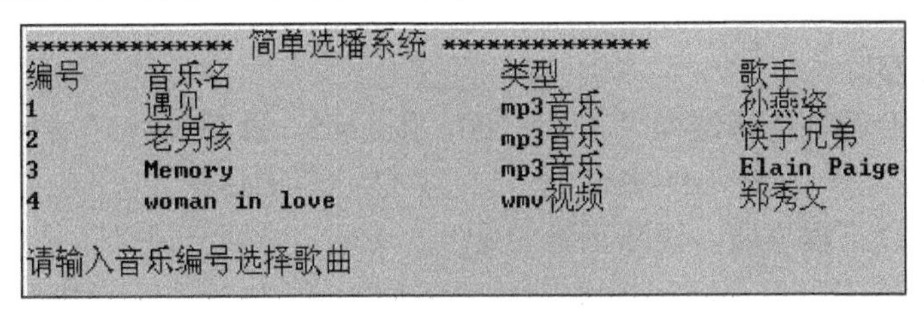

图 4.5 显示音乐列表

按下数字键(1～4)后，开始播放音乐，如图 4.6 和图 4.7 所示。

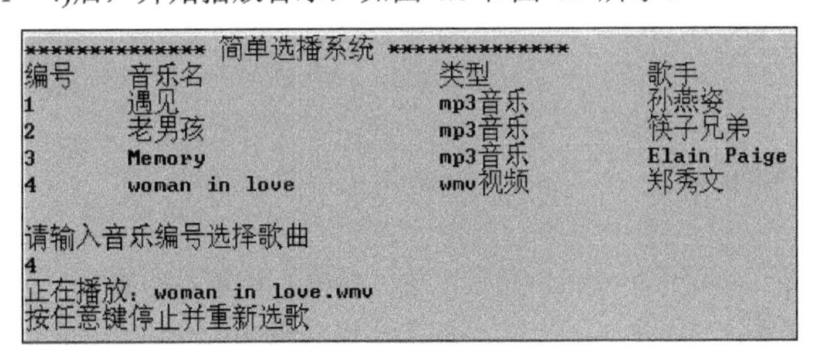

图 4.6 播放音乐提示

图 4.7 视频播放

按任意键后，当前播放的音乐被关闭，重新回到图 4.5 界面。

4.6 习 题

第 1 题：用 C 语言语句描述下列命题

(1) i 小于 j 或小于 k。

(2) i 和 j 都小于 k。

(3) i 和 j 中有一个小于 k。

(4) i 是非负数。

(5) i 是奇数。

(6) i 不能被 j 整除 。

第 2 题： 最适合解决选择结构“若 x > 100，则 t = 5，否则 t = −5”的结构是(　　)。

A．if　　B．if – else　　C．if – else if　　D．switch

第 3 题： 关于以下程序段，说法正确的是(　　)。

```
int ix, iy;
scanf ("%d, %d", &ix, &iy);
if (ix = iy)
{
    printf ("相等");
}
else
{
    printf ("不相等");
}
```

A．输出：相等　　B．输出：相等不相等

C．输出：不相等　　D．语法错误

第 4 题： 设 x 和 y 为 int 类型变量，则以下 switch 语句正确的是(　　)。

A．
```
switch (x + y);
{
    case 1: printf (“***\n”);
    case 2: printf (“###\n”);
}
```

C．
```
switch (x+y)
{
    case 1.0: printf (“***\n”);
    case 2.0: printf (“###\n”);
}
```

B．
```
switch (x+y)
{
    case 1+2: printf (“***\n”);
    case 2+3: printf (“###\n”);
}
```

D．
```
switch (x / 2.0)
{
    case 1.0: printf (“***\n”);
    case2.0: printf (“###\n”);
}
```

第 5 题：写出下面程序段的运行结果。

```
# include "stdio.h"
int main(void)
{
    int ix = 9, iy = 2;
    if (ix % 2 == 1)
    ix +=5;
    else
    ix -=3;
    iy +=5;
    printf("%d%d", ix, iy);
     return 0;
}
```

第 6 题：编写程序完成如下分段函数：要求从键盘输入整数 x 值，经程序计算后输出 y 值。

$$y=\begin{cases}3x & (x<3)\\3x-1 & (3\leqslant x\leqslant 9)\\3x+1 & (x\geqslant 10)\end{cases}$$

第 7 题：编程，从键盘上输入字母，若输入 M，则输出“GOOD MORNING!”；若输入 H，则输出“HELLO!”；若输入 N，则输出“ ”。

第 8 题：编程，输入一个不多于 4 位的正整数

(1) 显示它是几位数，如：输入的是 235，则输出“它是 3 位数”。

(2) 显示它的每个位的值，如：输入的是 235，则输出“百位是 2，十位是 3，个位是 5”。

(3) 逆序输出各位数，如：输入的是 235，则输出“532”。

第5章 累计问题

教学目标

通过本章的学习，使学生能设计较复杂的循环结构程序。

教学要求

知识要点	能力要求	关联知识
循环结构	(1) 掌握有限循环结构程序设计 (2) 掌握循环嵌套结构程序设计	while 结构 for 结构 循环嵌套
循环终止	掌握循环终止的控制方法	break 语句 continue 语句

重点难点

- ✧ while 结构
- ✧ for 结构
- ✧ 循环嵌套

假设有头文件 airplane.h，其中有两个函数：一个是 cmTakeOff ( )，函数功能是使飞机起飞；另一个是 cmLand( )，函数功能是使飞机降落。分析以下程序的运行效果。

```
# include "airplane.h"
int main (void)
{
    cmTakeOff ( );
    cmLand ( );
    return 0;
}
```

此程序看似包含起飞与降落两个动作，但实际上飞机几乎不动。原因是计算机处理程序速度快，执行一条语句仅需一瞬间，起飞与降落都只进行了一瞬间，飞机基本上没有动作。

若头文件 airplane.h 中还有一个函数：cmFly( )，此函数功能是使飞机飞行 1 分钟。分析以下程序的运行效果。

```
# include "airplane.h"
int main (void)
{
    cmTakeOff ( );
    cmFly ( );
    cmLand ( );
    return 0;
}
```

此程序的确有起飞、飞行、降落 3 个动作，但由于飞行时间太短，这个程序对于飞机而言，几乎毫无意义。那怎样能使飞机正常飞行，比如飞行 4 个小时呢？

由于一条 cmFly 语句是飞行 1 分钟，最简单的方法，是在 cmTakeOff 和 cmLand 语句之间，写出 240 条 cmFly 语句。这样的程序虽然是可以运行的正确程序，但重复的内容太多。编程时，凡是需要重复执行的语句或程序段，都可以采用循环结构，如 while 结构、for 结构等。

5.1　while 结构

while 结构的一般形式为：

1	**while (条件)**　// 若条件满足
2	**{**
3	**……;**　// 则重复执行花括号内语句
4	**}**

认识了 while 结构，再分析以下程序的运行效果。

```
# include "airplane.h"
int main (void)
{
    int iCount = 0;
    cmTakeOff ( );
    while (iCount < 240)
    {
        cmFly ( );
```

```
    }
    cmLand ( );
    return 0;
}
```

此程序不能使飞机飞行 4 个小时后正常降落，它很有可能使飞机坠毁。在程序中，当条件(iCount < 240)成立时，反复执行 cmFly 语句，cmFly 语句会执行多少次呢？答案：无数次。iCount 被赋值为 0 后，它的值再也没有改变过，0 永远小于 240，所以程序成了无限循环，飞机一直飞，飞到油用完了坠毁。

程序应该让 cmFly 语句执行 240 次，可以让变量 iCount 作为 cmFly 语句执行次数的计数器。cmFly 语句每执行一次，变量 iCount 的值增 1，使 iCount 越来越大。当 iCount 达到 240 的时候，条件(iCount < 240)不再成立。程序结束 while 结构，执行后面的 cmLand 语句。程序如下：

```
# include "airplane.h"
int main (void)
{
    int iCount = 0;
    cmTakeOff ( );
    while (iCount < 240)
    {
        cmFly ( );
        iCount ++;
    }
    cmLand ( );
    return 0;
}
```

课堂练习 1： 输出显示 60 个星号。

5.2　领取津贴的过程

某城市规定，市民自出生起到 60 岁，每年生日可领取社会津贴 1000 元。张三今年 65 岁，描述他领取津贴的经历，如图 5.1 所示。

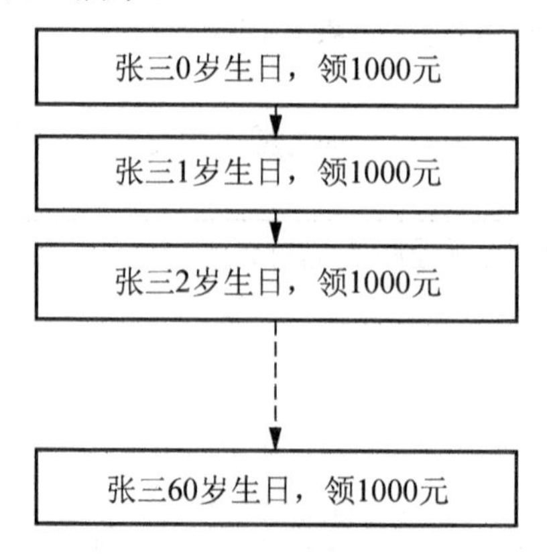

图 5.1　顺序描述领津贴过程

在图 5.1 中，每一条语句内仅仅是张三的年龄在发生变化，其余文字都相同，可以用一条语句来概括图中的 61 条语句：“张三 iAge 岁生日时，领 1000 元”。变量 iAge 初始值为 0，“领 1000 元”发生在(iAge <= 60)的情况下，每领 1000 元，张三要长大一岁之后才能再次领津贴，如图 5.2 所示。

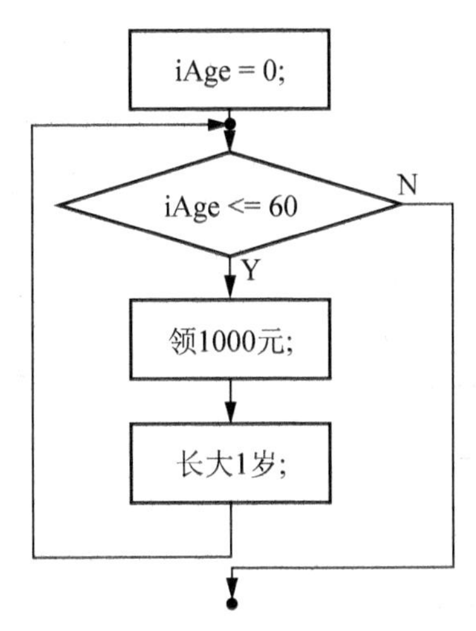

图 5.2 循环描述领津贴过程

将图 5.2 描述为程序语句，如下：

```
int iAge = 0;
while (iAge <= 60)
{
    领 1000 元;
    iAge ++;
}
```

每当领取 1000 元，相当于已经领取的津贴总数增加 1000。若用变量 iMoney 来表示已经领取的津贴总数，则在第一次领津贴之前，iMoney 的初始值为 0，领 1000 元时，iMoney 的值增加 1000。程序段如下：

```
int iAge = 0, iMoney = 0;
while (iAge <= 60)
{
    iMoney += 1000;
    iAge ++;
}
```

课堂练习 2： 将本节程序补充完整，运行显示张三领取的津贴总数。

5.3 领取 Q 币的过程

某网站为提高访问量开展 50 天连续登录送礼活动，第一天登录可领 1Q 币，第二天登录可领 2Q 币，……，第 50 天登录可领 50Q 币。若某人连续 50 天登录该网站领 Q 币，描述他领取 Q 币的过程，如图 5.3 所示。

图 5.3 中，每一条语句内仅天数和领 Q 币数量在发生变化，且这两个数字相等，可以用一条语句来概括图中的 50 条语句："第 iDay 天，领 iDay 个 Q 币"。变量 iDay 初始值为 0，"领 iDay 个 Q 币" 发生在(iDay <= 50)的情况下，每领 iDay 个 Q 币，必须过一天之后才能再次领取，如图 5.4 所示。

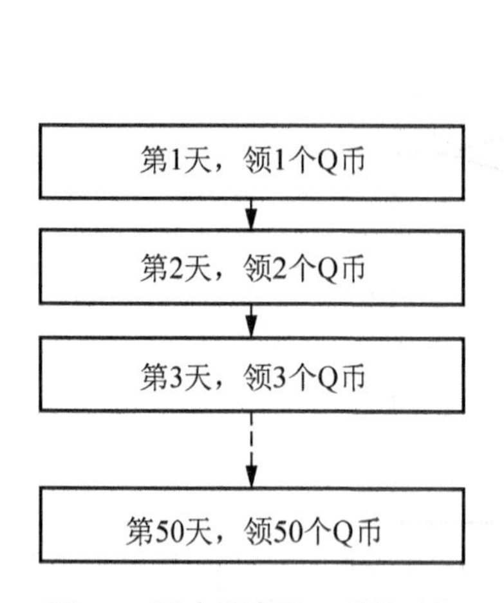

图 5.3　顺序描述领 Q 币的过程

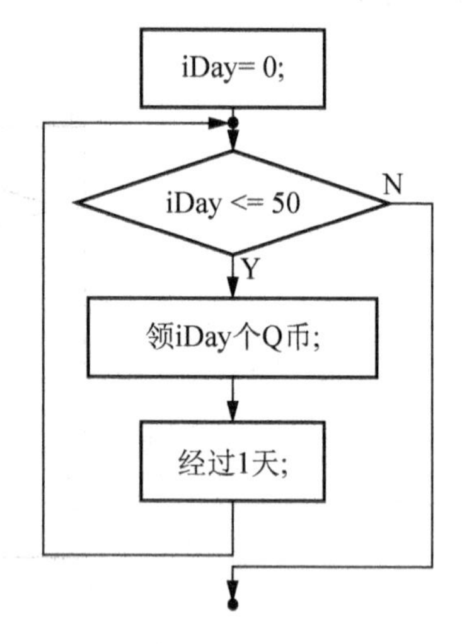

图 5.4　循环描述领 Q 币过程

将图 5.4 描述为程序语句，如下：

```
int iDay = 0;
while (iDay <= 50)
{
    领 iDay 个 Q 币;
    iDay ++;
}
```

每当领取 iDay 个 Q 币，相当于已经领取的 Q 币总数增加 iDay。若用变量 iSum 来表示已经领取的 Q 币总数，则在第一次领 Q 币之前，iSum 的初始值为 0，领 iDay 个 Q 币时，iSum 的值增加 iDay。程序段如下：

```
int iDay = 0, iSum = 0;
while (iDay <= 50)
{
    iSum += iDay;
    iDay ++;
}
```

课堂练习 3：将本节程序补充完整，运行显示 50 天共领取的 Q 币总数。
课堂练习 4：从整数 1 累加到 50，输出显示累加和。
课堂练习 5：从整数 40 累加到 100，输出显示累加和。

5.4　for 结构

for 结构的一般形式为：

1	**for (初始条件; 限制条件; 状态变化)**　// 若限制条件满足
2	{
3	**……;**　// 则重复执行花括号内语句
4	}

若将初始条件标注为①，限制条件标注为②，状态变化标注为③，重复执行的语句标注为④，如下：

```
for (①; ②; ③)
{
    ④;
}
```

则 for 结构执行的顺序是①②④③②④③②④③…②④③②。

表 5-1 对比了 while 结构与 for 结构在形式上的区别。

表 5-1　while 结构与 for 结构的区别

while 结构	for 结构

int iCount = 0;
cmTakeOff ( );
while (iCount < 240)
{
　　cmFly ( );
　　iCount ++;
}
cmLand ( );
	int iCount;
	cmTakeOff ( );
	for (iCount = 0; iCount < 240; iCount ++)
	{
	　　cmFly ( );
	}
	cmLand ( );

C99 标准还支持在 for 结构的初始条件中定义变量，如表 5-1 的 for 结构程序段可写为：

```
cmTakeOff ( );
for (int iCount = 0; iCount < 240; iCount ++) // 在初始条件中定义变量
{
    cmFly ( );
}
cmLand ( );
```

课堂练习 6： 显示一个百分数，使之从 0 到 100%偶数递增。

课堂练习 7： 在屏幕上每隔 0.2 秒显示一个星号*，总共显示 60 个。

课堂练习 8： 输入一小一大两个正整数，从较小的数累加到较大的数，显示结果。

课堂练习 9： 从 60 秒倒计时，计时完成显示"time out"。

5.5　循环嵌套

循环嵌套指循环结构中包含循环结构，while 结构内可嵌套 while 结构，for 结构内可嵌套 for 结构，while、for 结构也可相互嵌套，见表 5-2。

表 5-2 常见的循环嵌套形式

<table>
<tr><th>while 内嵌 while</th><th>while 内嵌 for</th><th>for 内嵌 while</th><th>for 内嵌 for</th></tr>
<tr><td><pre>while (……)
{
    while (……)
    {
        ……
    }
}</pre></td><td><pre>while (……)
{
    for (……)
    {
        ……
    }
}</pre></td><td><pre>for (……)
{
    while (……)
    {
        ……
    }
}</pre></td><td><pre>for (……)
{
    for (……)
    {
        ……
    }
}</pre></td></tr>
</table>

循环嵌套时应当注意：以 for 内嵌 for 结构为例，同一层次 for 结构可用同一变量控制循环次数；不同层次 for 结构应用不同变量控制循环次数；若内外层须同步变化，可用外层变量限制内层循环次数。

【例 5.1】分析以下程序段中语句 1 的执行次数。

```
for (a = 0; a < 100; a ++)
{
    for (t = 0; t < 80; t ++)
    {
        语句1 ;
    }
}
```

语句 1 在内层循环中，要进入内层循环，须先经过外层循环。外层循环首先令 a 为 0，因 a 的取值小于 100，于是进入内层循环。内层循环 t 取值从 0 到 79，使语句 1 能执行 80 次。内层循环的 80 次执行完后，返回到外层循环，a 从 0 变为 1，因 a 的取值仍小于 100，于是再次进入内层循环去执行 80 次。语句 1 的执行情况与变量 a 和 t 的关系如下：

```
当a = 0时，t = 0时，语句1执行
           t = 1时，语句1执行
           t = 2时，语句1执行
           ……
           t = 79时，语句1执行
当a = 1时，t = 0时，语句1执行
           t = 1时，语句1执行
           t = 2时，语句1执行
           ……
           t = 79时，语句1执行
……
           当a = 99时，t = 0时，语句1执行
           t = 1时，语句1执行
           t = 2时，语句1执行
……
           t = 79时，语句1执行
```

a 的每一个小于 100 的取值都能使语句 1 执行 80 次，上面程序段中语句 1 总共执行 8000 次。

【例 5.2】分析以下程序段中语句 1、语句 2、语句 3 和语句 4 的执行次数。

```
for (a = 0; a < 100; a++)
{
```

```
        语句 1 ;
        for (t = 0; t < 80; t++)
        {
            语句 2 ;
        }
        语句 3 ;
        for (t = 0; t < 200; t++)
        {
            语句 4 ;
        }
    }
```

内外层循环用不同的变量来控制，且内层循环的限制条件与外层循环的控制变量 a 无关(无类似 t < a 的表达式)。语句 1 和语句 3 仅被外层循环所包含，执行次数由外层循环决定，执行 100 次。语句 2 不仅被外层循环包含，还被重复 80 次的内层循环所包含，语句 2 执行次数是内外两层循环次数的乘积，共 8000 次。语句 4 不仅被外层循环包含，还被重复 200 次的内层循环所包含，语句 4 执行次数是内外两层循环次数的乘积，共 20000 次。

【例 5.3】分析以下程序段中语句 1 的执行次数。

```
    for (a = 0; a < 100; a++)
    {
        for (a = 0; a < 100; a++)
        {
            语句 1 ;
        }
    }
```

因内外两层循环用同一个变量来控制循环次数，语句 1 的执行次数就不再是两层循环次数的乘积了。首先，外层循环使 a 取值为 0，a 取值满足外层循环的限制条件，于是进入内层循环。内层循环再次给 a 赋值为 0，使 a 从 0 到 99 逐个取值，内层循环重复 100 次，语句 1 随内层循环执行 100 次。内层循环结束时，a 的值为 100(正是因为 a 的取值到达 100，内层循环才结束)。返回外层循环时，a 的值 100 已不满足外层循环的限制条件，因此循环将不再执行。语句 1 的执行总次数为 100 次。

【例 5.4】分析以下程序段中语句 1 的执行次数。

```
    for (a = 0; a < 10; a++)
    {
        for (t = 0; t < a; t++)
        {
            语句 1 ;
        }
    }
```

内层循环重复次数受外层循环的控制变量制约，语句 1 的执行情况与变量 a 和 t 的关系为：

```
当 a = 0 时，内层循环为 for (t = 0; t < 0; t++)，语句 1 不执行
当 a = 1 时，内层循环为 for (t = 0; t < 1; t++)，语句 1 执行 1 次
当 a = 2 时，内层循环为 for (t = 0; t < 2; t++)，语句 1 执行 2 次
当 a = 3 时，内层循环为 for (t = 0; t < 3; t++)，语句 1 执行 3 次
……
当 a = 9 时，内层循环为 for (t = 0; t < 9; t++)，语句 1 执行 9 次
```

可见，语句1共执行了1+2+3+ … +9=45次。

【例5.5】分析以下程序段中语句1的执行次数。

```
for (a = 0; a < 10; a++)
{
    for (t = 0; t <= a; t++)
    {
        语句1 ;
    }
}
```

内层循环重复次数受外层循环控制变量制约，语句1执行情况与变量a和t的关系为：

```
当a = 0时，内层循环为for (t = 0; t <= 0; t++)，语句1执行1次
当a = 1时，内层循环为for (t = 0; t <= 1; t++)，语句1执行2次
当a = 2时，内层循环为for (t = 0; t <= 2; t++)，语句1执行3次
当a = 3时，内层循环为for (t = 0; t <= 3; t++)，语句1执行4次
……
当a = 9时，内层循环为for (t = 0; t <= 9; t++)，语句1执行10次
```

可见，语句1共执行了1+2+3+ … +10=55次。

课堂练习10：编程，分别输出显示下列图案，输出语句只能用printf("*")和printf("\n")。

```
*****     *        *****
*****     **       ****
*****     ***      ***
*****     ****     **
*****     *****    *
 (1)       (2)      (3)
```

课堂练习11：编程，分别输出显示下列图案，输出语句只能用printf("*")、printf("\n")和printf(" ")。

```
*              *     *******        *
 *            *      *     *       ***
  *          *       *     *      *****
   *        *        *     *     *******
    *      *         *******    *********
   (1)    (2)          (3)         (4)
```

5.6 循环终止

循环终止有两种方法，即跳出循环结构和跳过本次循环，分别用break语句和continue语句实现。break语句作用是跳出本层循环(第4章还介绍过break语句能跳出switch结构)。continue语句作用是提前结束本次循环，进入下一次循环。

【例5.6】分析以下程序段中语句1的执行次数。

```
for (a = 0; a < 10; a++)
{
    if (a % 2 == 0)
    {
        continue;
```

```
    }
    语句 1 ;
}
```

a 的取值从 0 到 9 变化，每当 a 为偶数时，从 continue 处跳过语句 1 直接进入下一次循环。只有当 a 为奇数时，语句 1 才执行。即 a 的值为 1、3、5、7、9 时，语句 1 执行，共执行 5 次。

【例 5.7】分析以下程序段中语句 1 的执行次数。

```
for (a = 0; a < 100; a++)
{
    for (t = 0; t < 80; t++)
    {
        if (t >= 10 && t < 70)
        {
            continue;
        }
        语句 1 ;
    }
}
```

语句 1 的执行次数与变量 a 和 t 的关系为：

```
当 a = 0 时，t = 0、1、2、…、9 时，语句 1 执行(10 次)
             t = 10、11、12、…、69 时，语句 1 不执行
             t = 70、71、72、…、79 时，语句 1 执行(10 次)
当 a = 1 时，t = 0、1、2、…、9 时，语句 1 执行(10 次)
             t = 10、11、12、…、69 时，语句 1 不执行
             t = 70、71、72、…、79 时，语句 1 执行(10 次)
……
当 a = 99 时，t = 0、1、2、…、9 时，语句 1 执行(10 次)
             t = 10、11、12、…、69 时，语句 1 不执行
             t = 70、71、72、…、79 时，语句 1 执行(10 次)
```

a 的每一个取值能使语句 1 执行 20 次。语句 1 共执行 2000 次。

【例 5.8】分析以下程序段中语句 1 的执行次数。

```
for (a = 0; a < 10; a++)
{
    if (a % 2 == 0)
    {
        break;
    }
    语句 1 ;
}
```

a 从 0 开始取值，若 a 为偶数，便脱离 for 循环。因 0 是偶数，程序直接从 break 处跳到循环外，语句 1 共执行 0 次。

【例 5.9】分析以下程序段中语句 1 的执行次数。

```
for (a = 0; a < 100; a++)
{
    for (t = 0; t < 80; t++)
```

```
        {
            if (t >= 10 && t < 70)
            {
                break;
            }
            语句1 ;
        }
    }
```

break 语句只与它所在的内层循环有关，与外层循环无关。语句 1 的执行次数与变量 a 和 t 的关系为：

```
当a = 0时，t = 0、1、2、…、9时，语句1执行(10次)
          t = 10时，跳出内层循环回到外层循环
当a = 1时，t = 0、1、2、…、9时，语句1执行(10次)
          t = 10时，跳出内层循环回到外层循环
……
当a = 99时，t = 0、1、2、…、9时，语句1执行(10次)
           t = 10时，跳出内层循环回到外层循环
```

a 的每一个取值能使语句 1 执行 10 次。语句 1 共执行 1000 次。

课堂练习 12：编程，从整数 1 开始累加，当累加和超过 1000 时停止累加，输出显示最后一个参与累加的整数。

5.7 实作：打字游戏

1. 任务描述

编写打字游戏，能让用户进行字母键的输入练习。功能需求：

(1) 游戏窗口大小为 20 行×80 列，窗口背景色为黑色，前景色为绿色。

(2) 有开始和结束页面。

(3) 游戏过程随机出现一个小写字母，字母从第 1 行开始掉落。

(4) 在字母掉落过程中，若键盘上有对应的字母键按下，则重新出现一个字母。

(5) 若字母掉落到 20 行以下，则游戏结束，显示“Game Over!”。

2. 功能实现

1) 设置控制台窗口大小及颜色

调用 windows.h 中的 system 函数能实现控制台窗口大小及颜色的设置。

设置控制台窗口大小的 system 函数形式如下，其中等号左右无空格。

`system ("mode con: cols=列数 lines=行数");`

例如，设置游戏窗口大小为 20 行×80 列，语句为：

```
system ("mode con: cols=80 lines=20");
```

设置控制台颜色的 system 函数形式为：

`system ("color xy");`

x 表示窗口背景色，y 表示前景色。常用颜色值见表 5-3，其中字母不区分大小写。

表 5-3　控制台常用颜色值

颜色值(十六进制)	颜　色	颜色值(十六进制)	颜　色
0	黑	8	灰
1	蓝	9	浅蓝
2	绿	A/a	浅绿
3	青	B/b	亮蓝
4	红	C/c	浅红
5	紫	D/d	浅紫
6	黄	E/e	浅黄
7	白	F/f	亮白

例如，设置背景色为黑色，前景色为浅绿色，语句为：

```
system("color 0A");
```

2) 开始和结束页面

(1) 开始页面，居中显示游戏名称，提示按任意键开始游戏，程序段为：

```
for(i=0;i<8;i++)
{
   printf("\n");
}
for(i=0;i<38;i++)
{
    printf("");
}
printf("打字游戏\n\n");
for(i=0;i<35;i++)
{
    printf(" ");
}
printf("按任意键开始游戏\n");
getch( );
system("cls");
```

(2) 结束页面，居中显示“Game Over!”，程序段为：

```
for(i=0;i<9;i++)
{
   printf("\n");
}
for(i=0;i<38;i++)
{
    printf(" ");
}
printf("Game Over\n");
```

3) 随机出现一个小写字母

随机出现一个小写字母，需要调用随机函数生成小写字母的 ASCII 码。小写字母的 ASCII 码范围是 97～122。

调用随机函数的一般形式为：

1	**# include "time.h"**	// 必须包含头文件 time.h
2	**int i;**	// 定义变量用于存放随机数
3	**time_t t;**	// 定义 time_t 结构体变量
4	**srand ((unsigned) time(&t));**	// 随机数序列初始化
	i = rand ( ) % (Y – X + 1) +X;	// 随机产生一个 X～Y 的整数

例如，随机生成小写字母的 ASCII 码，将其赋值给 char 类型变量 ch，程序段为：

```
# include "time.h"
char ch;
time_t t;
srand ((unsigned) time(&t));
ch = rand ( ) % (122 - 97 + 1) +97;
```

4) 字母从第 1 行开始掉落

字母掉落实际就是字母先在第 1 行输出，持续一小段时间后清屏，再在第 2 行输出，依此类推。字母在每一行出现的位置都垂直对齐，程序段为：

```
while(1)
{
   ch = rand( ) % (122 - 97 + 1) + 97;
   for(j = 0;j < 20;j ++)
   {
       for (i = 0; i < j; i ++)
       {
           printf("\n");
       }
       for(i = 0; i < 40; i ++)
       {
           printf(" ");
       }
      putchar(ch);
       Sleep(300);
       system("cls");
   }
}
```

5） 字母掉落过程中的按键检测

字母掉落过程就是字母从第 1 行到第 20 行的显示过程，即第 4 点中的 20 次 for 循环过程。

检测键盘上是否有按键按下可用 kbhit 函数实现，若有按键按下，该函数返回非零值；若无按键按下，则返回 0。还可通过 getch 函数读取按键信息。程序段为：

```
if(kbhit() && getch() == ch)
{
system("cls");
break;  // 跳出下落过程
}
```

6） 游戏失败处理

当字母到达第 20 行，说明字母已完全落下，游戏结束，跳出游戏过程。程序段为：

```
if(j == 20)
{
    break;  // 跳出游戏过程
}
```

3. 程序整合

将上一小节各个模块程序段整合为一个完整程序，如下：

```
# include "dio.h"
# include "windows.h"
# include "time.h"
# include "conio.h"
int main (void)
{
    char ch;
    int i, j;
    time_t t;

    srand((unsigned) time(&t));                    // 初始化随机数序列
    system("color 0A");                            // 游戏窗口颜色
    system("mode con:cols=80 lines=20");           // 游戏窗口大小

    /* 开始页面 */
    for(i = 0; i < 8; i ++)
    {
        printf("\n");
    }
    for(i = 0; i < 38; i ++)
    {
        printf(" ");
    }
    printf("打字游戏\n\n");
    for(i = 0;i < 35;i ++)
    {
        printf(" ");
    }
    printf("按任意键开始游戏\n");
    getch();
    system("cls");

    /* 游戏过程 */
    while(1)
    {
        ch = rand ( ) % (122 - 97 + 1) + 97;
        for (j = 0; j < 20; j ++)
        {
            for( i = 0; i < j; i ++)
            {
                printf("\n");
            }
            for(i = 0; i < 40; i ++)
            {
```

```
                printf(" ");
            }
            putchar (ch);
            if (kbhit ( ) && getch ( ) == ch)
            {
                system ("cls");
                break;
            }
            Sleep (300);
            system ("cls");
        }
        if (j == 20)
        {
            break;
        }
    }
    for (i = 0; i < 9; i ++)
    {
        printf ("\n");
    }
    for (i = 0; i < 38; i ++)
    {
       printf(" ");
    }
   printf ("Game Over!\n");
   return 0;
}
```

4. 运行程序

运行程序，会显示游戏开始页面，如图 5.5 所示。

图 5.5　游戏开始页面

按下任意键后进入游戏，字母开始掉落，如图 5.6 所示。

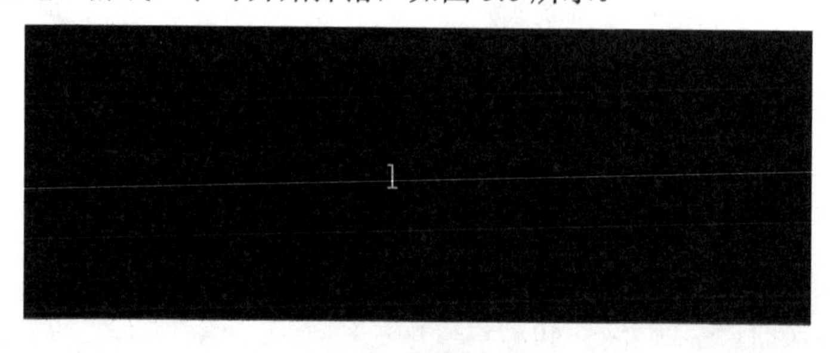

图 5.6　游戏过程

在字母掉落过程中若按下相应按键，则重新产生一个字母并掉落。若游戏失败，则显示“Game Over!”，5.7 所示。

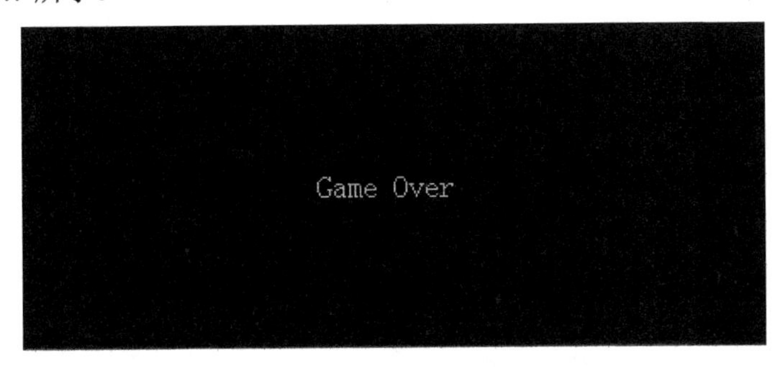

图 5.7　游戏结束页面

5.8　习　　题

第 1 题： 设 i 和 j 都是 int 类型的，则以下 for 循环语句(　　)。

```
for (i = 0, j = 0; j = 1; i ++; j ++)  printf("**\n");
```

A. 循环限制条件不合法　　B. 无限循环

C. 循环体一次也不执行　　D. 循环体只执行一次

第 2 题： 设 x 为 int 类型变量，则执行以下语句后，x 的值为(　　)。

```
for (x = 2; x == 0; ) printf("%d",x--)
```

A. 0　　B. 1　　C. 2　　D. 无限次

第 3 题： 下面程序中，while 结构的循环次数是(　　)。

```
int main (void)
{
    int i = 0;
    while(i<10)
    {
      if (i < 1)
      {
        continue;
      }
      if (i == 5)
      {
        break;
      }
      i++;
    }
    return 0;
}
```

A. 1　　B. 10

C. 死循环　　D. 不能决定次数

第 4 题：下面的程序要计算 1 – 3 + 5 – 7 + … – 99 + 101 的值，在空白处填空语句。

```
int main (void)
{
    int i,iStart = 1, sum = 0, s = 1;
    for (i = 1; i <= 101; i += 2)
    {
        ____________________;
        sum += start;
        ____________________;
    }
    printf("%d\n",sum);
}
```

第 5 题：下面程序运行时，若输入 5453，写出运行结果。

```
int main (void)
{
    int iy, it;
    long ly = 0;
    scanf ("%",&iy);
    it = iy;
    while (iy != 0)
    {
        ly = ly * 10 + iy %10;
        iy /= 10;
    }
    printf ("%ld\n", yr);
}
```

第 6 题：下面的程序要计算 $x=1-\frac{1}{2^2}-\frac{1}{3^2}-\cdots-\frac{1}{m^2}$ 的值，修改程序中的错误。

```
int main (void)
{
    int i, m;
    double t = 1.0;
    printf("请输入 m 的值", &m);
    scanf("%d\n",m);
    for (i = 1; i < m; i++);
    {
        x -=1 / (i * i);
    }
    printf("x = %f\n", x);
}
```

第 7 题：编程，求 1～100 的累加和。

第 8 题：编程，求 1～99 之间所有奇数之和。

第 9 题：编程，求 1 + 1 / 2 + 1 / 3 + 1 / 4 + ··· + 1 / 30。

第 10 题：编程，输出 100 以内的素数。

第 11 题：编程，分别显示以下两个图案，输出语句只能用 printf ("*")和 printf ("\n")。

```
*           *****
**          ****
***         ***
****        **
*****       *
****        **
***         ***
**          ****
*           *****
(1)         (2)
```

第 12 题：编程，分别显示以下 5 个图案，输出语句只能用 printf ("*")、printf ("")和 printf ("\n")。

```
    *                         *                         *********
   ***                       * *                        **** ****
  *****                     *   *      *   *   *        ***   ***
 *******                   *     *      *  *  *         **     **
*********       *         *       *      * * *          *       *
 *******       * *         *     *        ***           **     **
  *****       *   *         *   *        * * *          ***   ***
   ***       *     *         * *        *  *  *         **** ****
    *       *       *         *        *   *   *        *********
   (1)         (2)           (3)          (4)              (5)
```

第6章 模块化问题

教学目标

通过本章的学习，使学生掌握模块化程序设计的基本方法。

教学要求

知识要点	能力要求	关联知识
流程图	掌握流程图的绘制方法	流程图的6种基本框图
函数	(1) 掌握函数定义方法 (2) 掌握函数调用方法 (3) 掌握函数声明方法	参数 返回值 函数定义 函数调用 函数声明
宏	掌握宏定义方法	无参数宏定义 有参数宏定义
头文件	掌握头文件定义方法	条件编译 头文件定义 工程文件管理

重点难点

◇ 函数定义与调用
◇ 宏定义
◇ 头文件定义

一个规模较大的程序，往往由多个人共同开发完成，每人负责程序中一个模块的开发。本章介绍模块化程序设计的基本方法。

6.1　流程图绘制

传统流程图由以下 6 种基本框图组成，如图 6.1 所示。

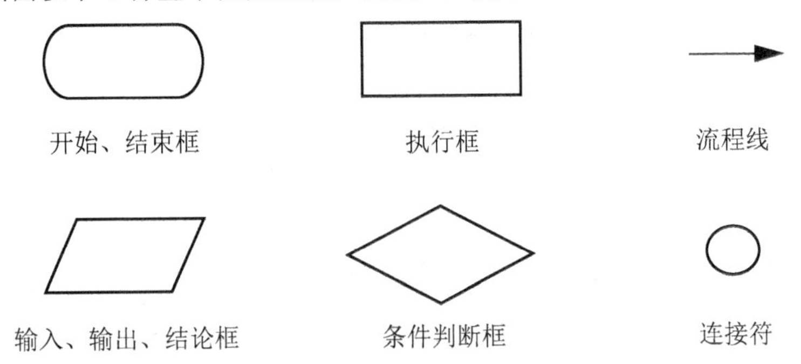

图 6.1　传统流程图的基本符号

1. 开始、结束框

完整的流程图必须有“开始”，不一定有“结束”。

思考 1：一个完整的流程图有开始框，但无结束框，说明什么问题？

2. 执行框

执行包含了程序运行过程中除输入输出之外所有的“动作”，程序中以分号结尾的语句(不含输入输出语句)都是“执行”。

【例 6.1】图 6.2 表示交换两个变量值的操作过程。

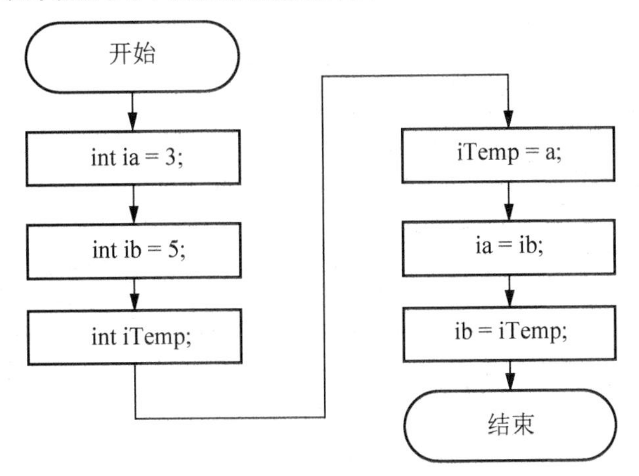

图 6.2　顺序执行

3. 输入、输出、结论框

【例 6.2】图 6.3 表示输入字符并显示其 ASCII 码的处理流程。

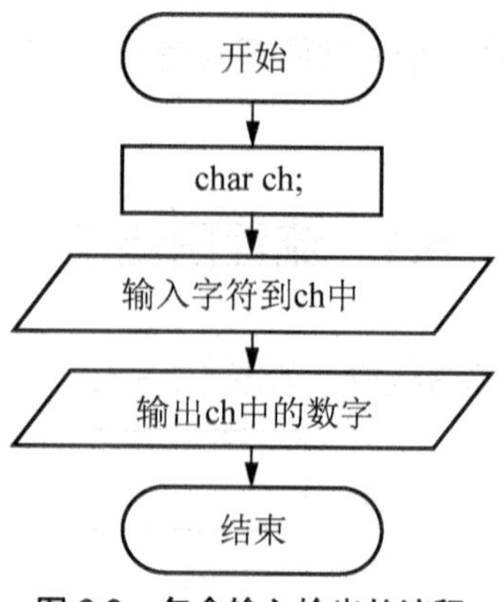

图 6.3　包含输入输出的流程

4. 条件判断框

分支结构程序中，对分支的选择，在流程图中使用条件判断框来表示，框内给出条件。条件判断框有一个入口和两个出口，如图 6.4 所示。

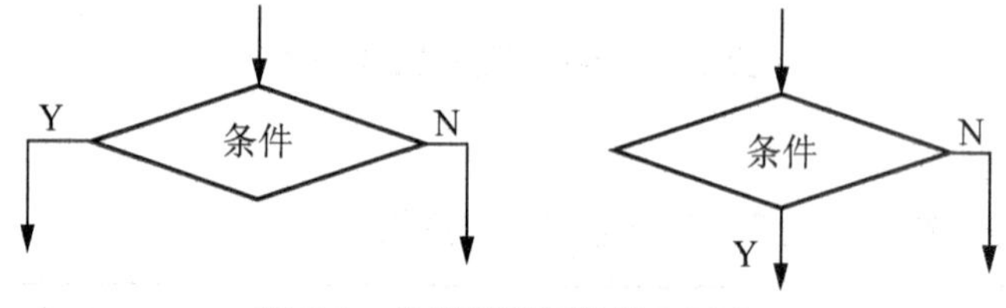

图 6.4　条件判断框的常见画法

当判断框内的条件成立时，沿 Y 出口继续执行；若条件不成立，则沿 N 出口继续执行。

【例 6.3】 图 6.5 表示求 3 个数中最大值的执行过程。

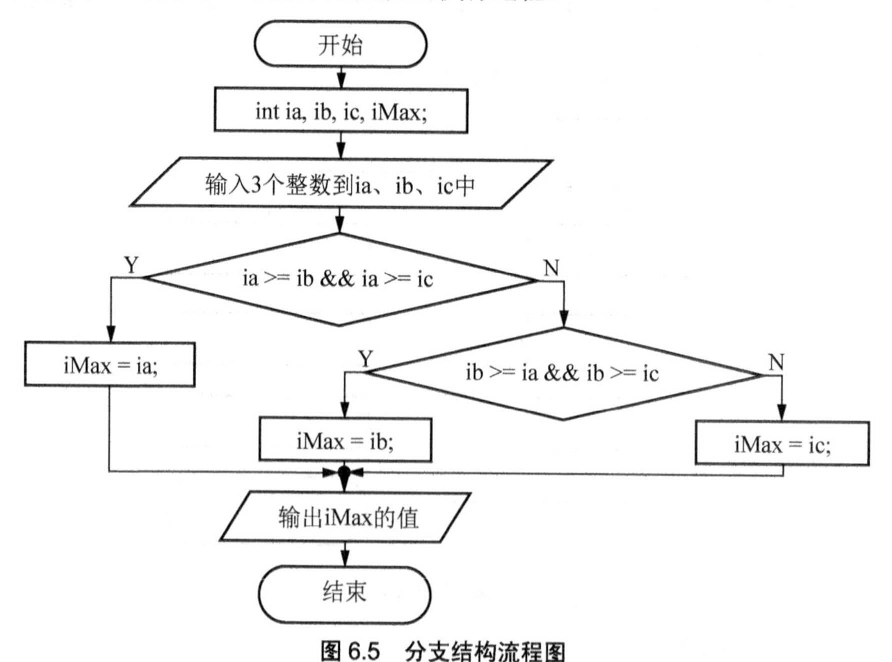

图 6.5　分支结构流程图

条件判断框在分支结构流程中使用，往往还在有限循环结构流程中使用。

【例 6.4】计算 1～20 的累加和，流程如图 6.6 所示。

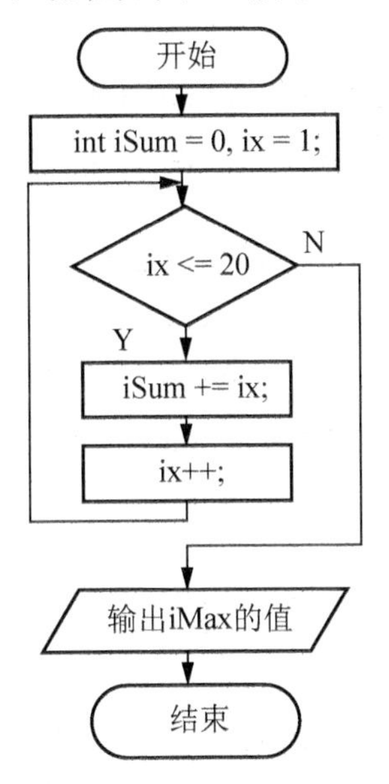

图 6.6　有限循环结构流程图

5. 连接符

当流程图篇幅较大需要分隔，或可划分为多个模块时，可用连接符对各个部分进行连接，如图 6.5 可改用图 6.7 的绘图方法。

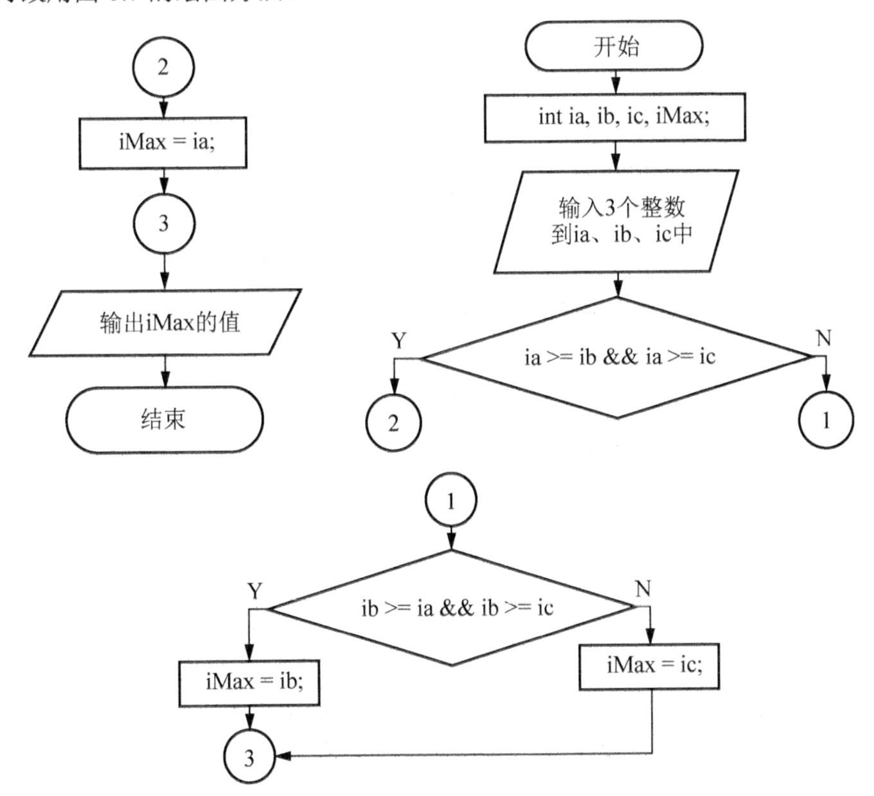

图 6.7　使用连接符连接多个模块

课堂练习 1：输入考生的成绩，若成绩高于或等于 60 分，则输出“及格”，否则输出“不及格”，用流程图表示这一算法。

课堂练习 2：设计一个求任意数的绝对值的算法，画出流程图。

课堂练习 3：投寄平信，每封信的重量 x(g)不超过 60g 的邮费(单位：分)标准如下，画出计算邮费的算法的流程图。

$$price=\begin{cases}80, x\in(0,20]\\160, x\in(20,40]\\240, x\in(40,60]\end{cases}$$

课堂练习 4：小明要用 3 根长度分别为 3cm、5cm、xcm 的小木棒搭出一个三角形，设计算法，判断小明能否搭出三角形，画出流程图。

6.2 函 数

函数是程序的组成单元。C 程序是通过函数来实现模块化程序设计的。较大的应用程序往往是由多个函数组成的，每个函数分别对应各自的功能模块。

1. 函数的分类与调用关系

函数可分为主函数、库函数和自定义函数三类。三者之间的调用关系如图 6.8 所示。

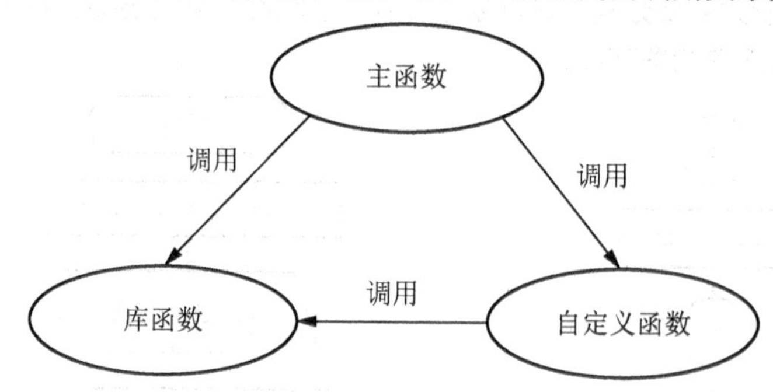

图 6.8 函数的分类与调用关系

主函数内可调用库函数和自定义函数，自定义函数中可调用库函数。可将发起调用的函数称为主调函数，将调用的对象函数称为被调函数。

【例 6.5】主函数中调用库函数。

```
# include "stdio.h"
# include "math.h"
int main (void)
{
   double dx, dy, dz;
   scanf ("%lf", &dx);                  // 主函数调用 scanf 函数
   dy = pow (dx, 5);                    // 主函数调用 pow 函数
   dz = sqrt (dx);                      // 主函数调用 sqrt 函数
   printf ("%.4f\n%.3f", dy, dz);       // 主函数调用 printf 函数
   return 0;
}
```

程序中，主函数调用了 math.h 中的 pow 函数、sqrt 函数和 stdio.h 中的 scanf、printf 函数。调用都是由主函数发起，因此主函数 main 是主调函数，其余 4 个库函数都是被调函数。

2. 参数

参数是要参与被调函数运算处理的数据。

参数分为形式参数(形参)和实际参数(实参)两类。实参是主调函数传递给被调函数，要参与被调函数运算的数据。形参是被调函数用于接收实参的容器。

【例 6.6】主调函数将实参传递给被调函数的形参，用实参给形参赋值，如图 6.9 所示。

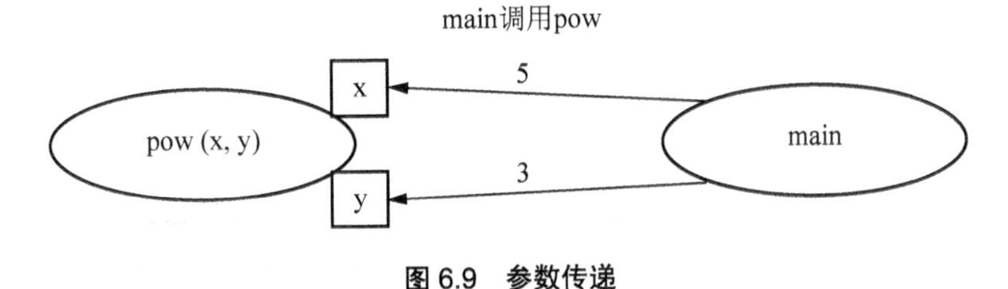

图 6.9　参数传递

pow 函数头部为 double pow (double x, double y)。pow 函数的功能是计算 x 的 y 次方，x 和 y 就是要参与 pow 函数幂运算的形参。这里的 x 和 y 并没有确定的值，程序中若需要计算某两个数的幂(如计算 5 的 3 次方)，只需把要参与计算的值(5 和 3)放入到 x 和 y 中，如语句“pow (5, 3);”，pow 函数就能计算出 5 的 3 次方结果。5 和 3 是真正参与运算的数据，它们是实参。

形参往往是有名无值的变量，只是参与函数运算的数据的符号代表。实参是确定的数值或有值的变量。6.2.1 节【例 6.5】的程序中，语句 dy = pow (dx, 5);中的 dx 和 5，dx 是有值的变量(值为输入的数据)，5 是确定数值，它们是实参。

形参只出现在函数定义和函数声明时，而实参只出现在函数调用时，读者可通过记忆“定形调实”4 个字来掌握这种规律。

3. 返回值

返回值是函数执行结束后，用 return 语句传回给主调函数的执行结果。若不须传回执行结果，则无返回值，也不需 return 语句。

【例 6.7】分析下面函数的功能。

```
void cmGetMax (int ix, int iy)
{
    printf ("%d", (ix >= iy)? ix : iy);
}
```

函数功能是输出两个参数中的较大者。函数求得较大的数并显示它的值，不需要将这个数传回，因此函数中无 return 语句。

【例 6.8】分析下面函数的功能。

```
int cmGetMax (int ix, int iy)
{
    return (ix >= iy)? ix : iy;
}
```

函数功能是求两个参数中的较大者，将求得的数用 return 语句返回给主调函数。

4. 函数的定义

函数由函数头部和函数体两部分组成，如图 6.10 所示。函数头部由返回值类型、函数名和参数 3 部分组成。函数体是函数功能语句的集合。

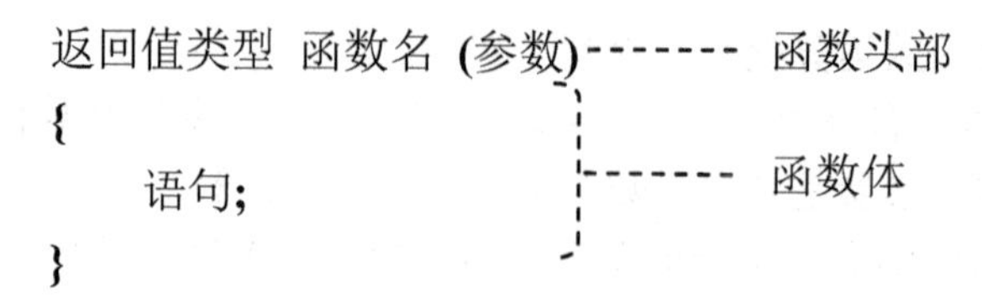

图 6.10　函数的组成结构

函数的命名一般遵循匈牙利命名法，见表 6-1。

表 6-1　匈牙利命名法(三)

函数类型	前缀	举　例
通用函数(common)	cm	int cmGetSum(int ix, int iy);
图形函数(image)	img	void imgDrawLine (int ix1, int ix2, int y1, int y2, int iColor);

根据函数是否需要参数，可将函数分为无参函数和有参函数两类。

1) 无参函数

此类函数不需要接收外来的数据参与函数的运算。无参函数的定义形式为：

```
返回值类型 函数名(void)
{
    语句;
}
```

因函数无参数，函数头部的参数部分用空类型 void 表示。若函数无返回值，函数头部的返回值类型这部分用空类型 void 表示。若函数有返回值，则应在函数头部的第一部分声明返回值的类型。

【例 6.9】定义一个函数用于检测键盘上是否按下了数字键。

```
int cmTestNumKey (void)
{
    char cKey;
    cKey = getch ( );
    return (cKey >= '0' && cKey <='9')? 1 : 0;  // 若按下数字键则返回 1，否则返回 0
}
```

此函数无参数，有返回值。参数用 void 表示。函数返回 1 或 0，将返回值声明为 int 类型，返回值类型在函数名左侧声明。

课堂练习 5：定义一个函数，用于检测键盘上是否按下 Esc、空格或回车键，若按下，分别返回 1、2、3；若未按下，返回 0。

【例 6.10】定义一个函数用于显示输入提示信息。

```
void cmNotice (void)
{
```

```
    printf ("此程序将输入的 3 个整数按从小到大顺序排列。\n");
    printf ("请输入 3 个整数，输入示例：\n");
    printf ("-840,534,2\n");
}
```

此函数无参数，也无返回值。函数头部中，参数与返回值类型都用 void 表示。

课堂练习 6：定义一个函数用于显示文字：

```
****************************************
*    这是一个无参数也无返回值的函数    *
****************************************
```

2) 有参函数

此类函数需要接收外来的数据参与函数的运算。有参函数的定义形式为：

```
返回值类型 函数名(形参类型 形参名, 形参类型 形参名, ……)
{
    语句;
}
```

函数头部的第 3 部分给出每一个形参的类型和名称，多个形参用逗号间隔。

【例 6.11】 定义一个函数，用于根据长方体的长、宽、高计算出长方体的底面积、表面积和体积，输出计算结果。

```
void cmRectData (double dLength, double dWidth, double dHeight)
{
    printf ("底面积：%f\n", dLength * dWidth);
    printf ("表面积：%f\n", (dLength * dWidth + dLength * dHeight + dWidth *
dHeight) * 2);
    printf ("体积：%f\n", dLength * dWidth * dHeight);
}
```

此函数有 3 个参数，无返回值。函数头部中，给出了每个参数的类型和名称，返回值类型用 void 表示。

课堂练习 7：定义一个函数，用于判断两个整数中，第 1 个数能否被第 2 个数整除，显示判断结果。

【例 6.12】 定义一个函数，用于计算 3 个数的平方和 $x^2 + y^2 + z^2$，返回计算结果。

```
double cmQuadraticSum (double dx, double dy, double dz)
{
    double dResult;
    dResult = pow (dx, 2) + pow (dy, 2) + pow (dz, 2);
    return dResult;
}
```

此函数有 3 个参数，也有返回值。pow 函数的运算结果为 double 类型，因此平方和结果也应是 double 类型。函数将变量 dResult 中的值返回，返回值类型在函数名左侧声明。

课堂练习 8：定义一个函数，用于判断 3 个正数是否可能是某三角形的边长。

5. 函数的调用

函数调用的一般形式为：

```
被调函数名 (实参1, 实参2, ……)
```

调用函数时，实参的个数和顺序应该与被调函数要求的参数个数和顺序一致，这样才能正确地将实参传递到形参中。

程序的执行总是从主函数开始，到主函数结束。在主函数执行的过程中根据调用关系转去执行其他函数，执行完返回到调用处继续执行主函数。

程序中若定义了多个函数，则后方的函数可调用前方的函数。

【例 6.13】在【例 6.9】的基础上编程，反复检测键盘上是否按下了数字键。若按下，则显示“数字键”；否则，显示“非数字键”。

```
# include "stdio.h"
# include "conio.h"
# include "windows.h"
int cmTestNumKey ( )
{
   char cKey;
   cKey = getch ();
   return (cKey >= '0' && cKey <= '9')? 1:0;
}
int main (void)
{
   int iTest;
   while(1)
   {
       iTest = cmTestNumKey( );    // 调用 cmTestNumKey 函数
       system("cls");              // 清屏
        (iTest == 1)? printf("数字键") : printf("非数字键");
   }
   return 0;
}
```

程序中，主函数调用自定义函数 cmTestNumKey，将该函数的返回值装入变量 iTest，然后对变量 iTest 的值进行判断，从而显示输出不同的文字。

若被调函数有返回值，返回值会被传回到函数被调用的位置。在程序中，主函数的 while 结构内语句也可写为如下形式：

```
while (1)
{
   (cmTestNumKey( ) == 1)? (system("cls"), printf("数字键") ): (system("cls"),
printf("非数字键"));
   /* 注意，在条件表达式中，对条件进行判断之后，若需要执行多条语句，
      则这些语句应该用圆括号括起来，且语句之间用逗号间隔，分号只出现
      在整个条件表达式的末尾。*/
}
```

此 while 结构中，不使用变量 iTest，直接调用函数 cmTestNumKey 并对其返回值进行判断。

【例 6.14】在【例 6.10】的基础上编程，给出输入提示信息，并对用户输入的 3 个整数进行从小到大的顺序排列，输出排列结果。

```
# include "stdio.h"
void cmNotice (void)
{
   printf ("此程序将输入的 3 个整数按从小到大顺序排列。\n");
   printf ("请输入 3 个整数，输入示例：\n");
   printf ("-840,534,2\n");
}

void cmAscend (int ix, int iy, int iz) /* 此函数对任意 3 个整数由小到大
                                          排序并显示排序结果*/
{
   printf ("排序结果为:\n");
   if (ix <= iy && iy <= iz){printf ("%d,%d,%d\n", ix, iy, iz);}
   else if (ix <= iz && iz <= iy){printf ("%d,%d,%d\n", ix, iz, iy);}
   else if (iy <= ix && ix <= iz){printf ("%d,%d,%d\n", iy, ix, iz);}
   else if (iy <= iz && iz <= ix){printf ("%d,%d,%d\n", iy, iz, ix);}
   else if (iz <= ix && ix <= iy){printf ("%d,%d,%d\n", iz, ix, iy);}
   else {printf ("%d,%d,%d\n", iz, iy, ix);}
}

int main (void)
{
   int iNum1, iNum2, iNum3;
   cmNotice ( );
   scanf ("%d,%d,%d",&iNum1, &iNum2, &iNum3);
   cmAscend (iNum1, iNum2, iNum3);
   return 0;
}
```

程序中，函数 cmNotice 和函数 cmAscend 均无返回值，调用它们时，只须写出函数名和参数。因函数 cmNotice 无参数，因此调用它时，参数部分为空白。

【例 6.15】在【例 6.11】的基础上编程，输入 3 个数作为长方体的长、宽、高，输出长方体的底面积、表面积和体积。

```
# include "stdio.h"
void cmRectData (double dLength, double dWidth, double dHeight)
{
   printf ("底面积：%f\n", dLength * dWidth);
   printf ("表面积：%f\n", (dLength * dWidth + dLength * dHeight + dWidth *
dHeight) * 2);
   printf ("体积：%f\n", dLength * dWidth * dHeight);
}
int main (void)
{
   double dNum1, dNum2, dNum3;
   scanf("%lf,%lf,%lf", &dNum1, &dNum2, &dNum3);
   cmRectData(dNum1,dNum2,dNum3);
   return 0;
```

```
}
```

程序中，函数 cmRectData 有参数无返回值，调用它时，只写出函数名和参数。

【例 6.16】在【例 6.12】的基础上编程，输入 3 个数，输出这 3 个数的平方和结果。

```
# include "stdio.h"
# include "math.h"
double cmQuadraticSum (double dx, double dy, double dz)
{
   double dResult;
   dResult = pow (dx, 2) + pow (dy, 2) + pow (dz, 2);
   return dResult;
}

int main (void)
{
   double dNum1, dNum2, dNum3;
   scanf("%lf,%lf,%lf",&dNum1, &dNum2, &dNum3);
   printf ("%f", cmQuadraticSum(dNum1, dNum2, dNum3));
   return 0;
}
```

在程序中，主函数在 printf 函数中嵌套调用了 cmQuadraticSum 函数。因 cmQuadraticSum 函数有返回值，调用它后，会从调用的位置(printf 语句内逗号右侧)获得它的返回值。

课堂练习 9：编程，定义一个函数用于检测某整数是否为某正数的平方。主函数完成任意整数的输入，若该数是某数的平方，则显示该数的平方根。

6. 函数的声明

在 6.2.5 节中曾提到，程序中若定义有多个函数时，后方的函数可调用前方的函数。因主函数只能做主调函数，所以在前文的程序中，都将主函数定义在了其他函数之后。

实际上，除了主函数可调用其他函数，其他函数之间也可相互调用。例如，某程序由 4 个函数组成，依次为函数 A、函数 B、函数 C 和主函数，如图 6.11 所示。

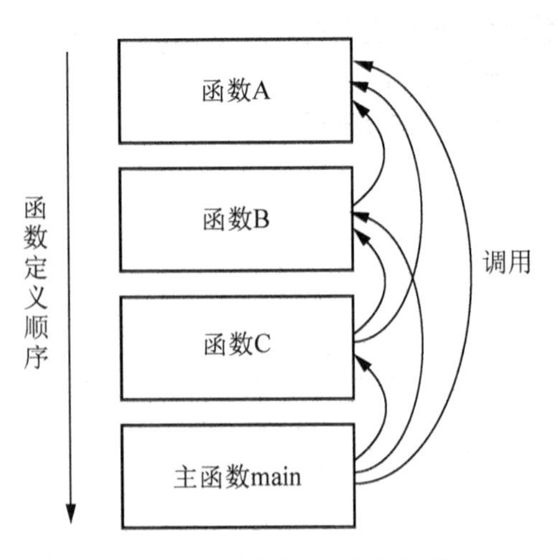

图 6.11 函数定义顺序和调用关系

图 6.11 表明，函数 B 可调用函数 A，函数 C 可调用函数 A 和函数 B，主函数可调用函数 A、B、C；而函数 A 不能调用函数 B 和函数 C，函数 B 不能调用函数 C。

编写程序时，可以先分析函数之间的调用关系，先定义被调函数，再定义主调函数。但若是两个函数需要相互调用，则无法确定两个函数的定义孰先孰后。此问题如何解决呢？方法是：在定义所有子函数之前，先声明每一个子函数。一旦函数被声明，则可被声明语句之后定义的任何函数调用。

函数声明的一般形式为：

函数头部；

函数声明语句由子函数头部和分号组成，如某函数头部为“int cmGetSum (int ix, int iy)”，则声明该函数的语句则为“int cmGetSum (int ix, int iy);”。

【例 6.17】以下程序实现从任意秒倒计时。

```
# include "stdio.h"                    // 包含头文件
# include "windows.h"                  // 包含头文件

void cmStart (void);                   // 声明函数 cmStart
void cmOver (void);                    // 声明函数 cmOver
void cmPlay (int iSecond);             // 声明函数 cmPlay

int main (void)                        // 定义主函数
{
   int iTime;
   printf ("请输入倒计时时长: \n");
   scanf ("%d", &iTime);
   cmStart ( );                        // 调用函数 cmStart
   cmPlay (iTime);                     // 调用函数 cmPlay
   cmOver ( );                         // 调用函数 cmOver
   return 0;
}

void cmStart (void)                    // 定义函数 cmStart
{
   printf("倒计时开始");
   Sleep(1000);
   system("cls");
}

void cmOver (void)                     // 定义函数 cmOver
{
   printf("倒计时结束");
}

void cmPlay (int iSecond)              // 定义函数 cmPlay
{
   while(iSecond > 0)
   {
      printf("%d", iSecond);
      Sleep(1000);
      system("cls");
      iSecond --;
   }
}
```

程序中，在定义函数之前，对子函数做了声明，主函数可调用在其后定义的子函数。

6.3 宏 定 义

C 语言允许用一个标识符来表示(代替)程序中的一串文字，该标识符称为宏。宏有两种类型，有参数宏和无参数宏。宏与函数的意义相似，合理使用宏，能给编程提供一定的方便，并能在一定程度上提高程序的运行效率。

1. 无参数宏定义

无参数宏定义的一般形式为：

define 宏名 一串程序文字

宏必须使用“# define”命令来定义。类似的，头文件必须使用“# include”命令来包含。宏名一般用大写英文字母或词语表示。宏名所代表的一串程序文字可以是常数、表达式、语句(不包括语句末尾的分号)等。

【例 6.18】输入半径，求圆的周长、面积。

```
# include "stdio.h"
# define PI 3.14159
int main (void)
{
    double dRadius;
    printf ("请输入圆的半径:\n");
    scanf ("%lf", &dRadius);
    printf ("圆周长为：%f\n", 2 * PI * dRadius);
    printf ("圆面积为：%f\n", PI * dRadius * dRadius);
    return 0;
}
```

程序定义了宏 PI，它是常数 3.14159 的替代符号，凡是程序中需要出现 3.14159 的地方皆可用符号 PI 代替。

2. 有参数宏定义

有参数宏定义的一般形式为：

define 宏名(形参) 一串程序文字(含形参)

宏名和形参之间不能有空格，否则形参会被看做是宏名所代替的文字。

有参数宏调用的一般形式为：

宏名(实参)

【例 6.19】输入半径，求圆的周长、面积。

```
# include "stdio.h"
# define PI 3.14159                    // 无参宏定义
# define CIRCUM(r)  2 * PI * (r)       // 有参宏定义
# define AREA(r)  PI * (r) * (r)       // 有参宏定义
int main (void)
{
    double dRadius;
    printf ("请输入圆的半径:\n");
    scanf ("%lf", &dRadius);
    printf ("圆周长为：%f\n", CIRCUM(dRadius));
    printf ("圆面积为：%f\n", AREA(dRadius));
    return 0;
}
```

程序定义了有参宏 CIRCUM(r)和 AREA(r)，分别是表达式 2 * PI * (r)和 PI * (r) * (r)的替代符号，其中形参 r 可接受任何一个实参的赋值。

课堂练习 10：定义一个宏 TEST(ch)，用于判断字符 ch 是否为字母，若是，得 1；若否，得 0。

课堂练习 11：定义一个宏 XCH(x, y)，用于交换两个参数的值。

6.4　头文件定义

当程序中需要定义较多函数，或一个规模较大的程序被划分为多个模块(函数)，各模块由不同的人员开发，则可将自定义函数定义在一个或多个的头文件中。要使用某个自定义头文件中的函数，只须包含该头文件即可。

头文件定义的一般形式为：

```
# ifndef  FILENAME_H_
# define  FILENAME_H_
  ……（头文件主体部分）
# endif
```

FILENAME 是自定义头文件的名称，在定义头文件时加入# ifndef、# endif 等条件编译命令，是为了防止头文件重复定义，避免已有同名文件存在。

头文件主体部分内容可以包括：①其他头文件；②宏定义；③函数声明；④函数定义(函数也可定义在其他的源文件中)。

【例 6.20】 定义头文件 mytool.h，将计算圆面积、圆周长的函数声明包含在其中。另定义源文件 mytool.cpp 用于定义 mytool.h 中声明的函数。用主函数文件 main.cpp 调用自定义函数。

工程中添加头文件 mytool.h，将其定义如下：

```
# ifndef  MYTOOL_H_
# define  MYTOOL_H_
# include "stdio.h"                          // 包含其他头文件
# define  PI  3.14159                        // 宏定义
double cmCircum (double dRadius);            // 函数声明
double cmCircleArea (double dRadius);        // 函数声明
# endif
```

头文件 mytool.h 中声明了函数 cmCircum 和 cmCircleArea，但未将函数定义在文件中，因此又定义了一个源文件 mytool.cpp 用于定义函数 cmCircum 和 cmCircleArea。

若将函数 cmCircum 和 cmCircleArea 定义在了头文件 mytool.h 中，则不须再定义 mytool.cpp。

工程中添加源文件 mytool.cpp，将其定义如下：

```
# include "mytool.h"                        // 包含头文件，才能使用头文件中定义的宏
double cmCircum (double dRadius)            // 函数定义
{
    return (2 * PI * dRadius);
}
double cmCircleArea (double dRadius)        // 函数定义
{
    return (PI * dRadius * dRadius);
}
```

再定义主函数文件 main.cpp，它可调用 mytool.h 中声明过的函数。

```
# include "mytool.h"        // 包含头文件，才能使用头文件中定义的宏和声明的函数
int main (void)
{
    double dr;
    printf ("请输入圆半径: \n");
    scanf ("%lf", &dr);
    printf ("圆周长为%f\n", cmCircum (dr));
    printf ("圆面积为%f\n", cmCircleArea(dr));
    return 0;
}
```

语句“# include “mytool.h””是头文件 mytool.h 中全部内容的替代语句。因 mytool.h 中已包含了 stdio.h，所以 main.cpp 就不需要再重复包含 stdio.h 了。

此例中，工程总共包含了 3 个文件，应对各文件做好管理，把它们放在正确的目录下，如图 6.12 所示。

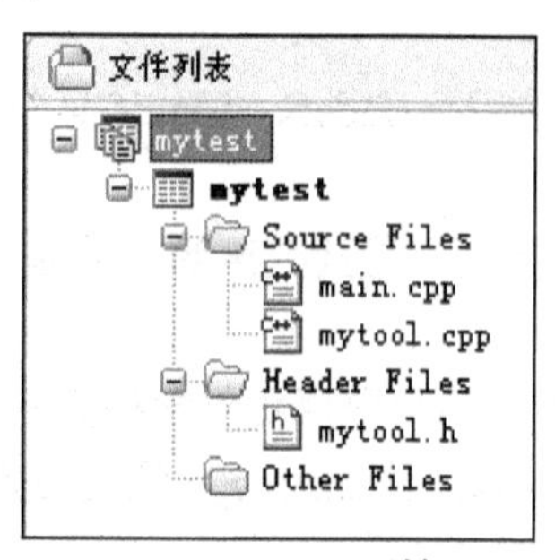

(1) C-Free5 环境

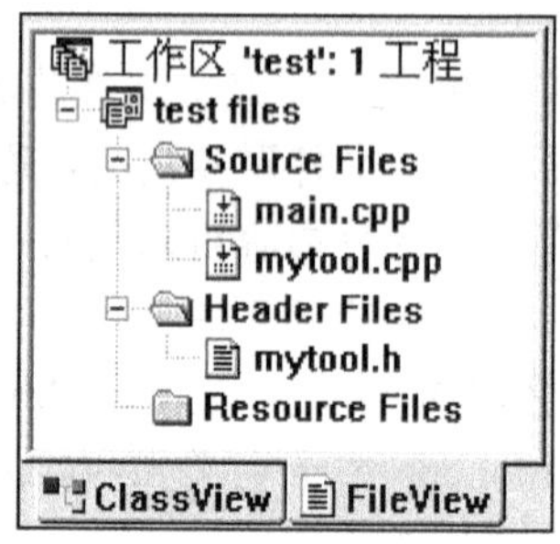

(2) VC6.0 环境

图 6.12　文件目录管理

6.5　实作：小月亮餐厅点餐系统

1. 任务描述

为小月亮餐厅编写点餐系统。系统功能需求：

(1) 能显示套餐名及价格列表，数据见表 6-2。

表 6-2　小月亮餐厅菜单

套 餐 名	套餐单价
营养早餐	8.00
香菇鸡块套餐	10.00
香辣鸡柳套餐	10.00
铁板牛扒套餐	12.00
铁板鱿鱼套餐	12.00

(2) 能进行套餐选择和份数输入。

(3) 能提示应付金额、实付金额和找零金额。

2. 各模块功能实现

1) 菜单显示模块

用 printf 函数实现菜单的显示，为了便于点餐，可以对套餐进行编号。将菜单显示模块定义为函数 cmMenu，函数定义为：

```
void cmMenu (void)
{
    printf ("************** 小月亮餐厅点餐系统 **************\n");
    printf ("\t 套餐编号\t 套餐名\t\t 单价\n");
    printf ("\t1\t 营养早餐\t\t8.00\n");
    printf ("\t2\t 香菇鸡块套餐\t\t10.00\n");
    printf ("\t3\t 香辣鸡柳套餐\t\t10.00\n");
    printf ("\t4\t 铁板牛扒套餐\t\t12.00\n");
    printf ("\t5\t 铁板鱿鱼套餐\t\t12.00\n\n");
}
```

输出菜单时，由于套餐名较长，所以在套餐名后用了两个“\t”，最后一个输出语句末尾用了两个“\n”。

2) 套餐选择和份数输入

输入功能用 scanf 函数实现，为了方便操作，在输入之前，用 printf 函数给出输入提示。程序段为：

```
int iNum, iCount;
printf ("请输入套餐编号：");
scanf ("%d", &iNum);
printf ("请输入套餐份数：");
scanf ("%d", &iCount);
```

3) 应付金额计算

金额应保留到小数点后两位，所以与金额相关的变量应定义为浮点类型。在点餐之后，应先对所点套餐编号进行判断，再根据不同套餐的单价及份数计算应付金额。将应付金额的计算封装为 cmGetPrice 函数，函数定义为：

```
double cmGetPrice (int ix, int iy)
{
    double dz;
    switch (ix)
    {
        case 1: dz = 8; break;
        case 2: dz = 10; break;
        case 3: dz = 10; break;
        case 4: dz = 12; break;
        case 5: dz = 12; break;
    }
    return (dz * iy);
}
```

4) 应付金额显示、实付金额输入、找零金额显示

实付金额输入后，计算实付金额与应付金额的差值，显示找零金额。程序段为：

```
double dYourPay, dPrice;
dPrice = cmGetPrice (iNum, iCount);
printf ("应付金额：%.2f\n", dPrice);
printf ("实付金额：");
scanf ("%lf", &dYourPay);
printf ("找零金额：%.2f\n", dYourPay - dPrice);
```

5) 重复点餐

为了让用户使用方便，本系统应具备重复点餐的功能。在显示找零金额后，提示用户按任意键重新点餐，用无限循环实现系统的重复使用。用 system 函数将旧页面清除重新显示菜单。程序段为：

```
printf ("按任意键重新点餐！");
getch ( );
system ("cls");
```

3. 程序整合

将上一小节各个模块程序段整合为一个完整程序，如下：

```
/* 头文件包含 */
# include "stdio.h"
# include "conio.h"
# include "windows.h"

/* 函数声明 */
void cmMenu (void);
double cmGetPrice (int ix, int iy);

/* 函数定义 */
int main (void)
{
    // 定义 iNum 为套餐编号、iCount 为套餐份数
    int iNum, iCount;
    // 定义 dPrice 为应付金额,, dYourPay 为实付金额
    double dPrice, dYourPay;

    while (1)
    {
        cmMenu ( );                                    // 显示菜单

        /* 点餐提示 */
        printf ("请输入套餐编号：");
        scanf ("%d", &iNum);
        printf ("请输入套餐份数：");
        scanf ("%d", &iCount);

        dPrice = cmGetPrice (iNum,iCount);             // 计算应付金额
        printf ("应付金额：%.2f\n", dPrice);            // 显示应付金额

        // 实付金额输入
        printf ("实付金额：");
        scanf ("%lf", &dYourPay);
```

```
        // 显示找零金额
        printf ("找零金额: %.2f\n", dYourPay - dPrice);

        // 重新点餐提示
        printf ("按任意键重新点餐! ");
        getch ( );
        system ("cls");
    }/* while (1) */
    return 0;
}

/* 函数定义 */
void cmMenu (void)
{
    printf ("************** 小月亮餐厅点餐系统 **************\n");
    printf ("\t 套餐编号\t 套餐名\t\t 单价\n");
    printf ("\t1\t 营养早餐\t\t8.00\n");
    printf ("\t2\t 香菇鸡块套餐\t\t10.00\n");
    printf ("\t3\t 香辣鸡柳套餐\t\t10.00\n");
    printf ("\t4\t 铁板牛扒套餐\t\t12.00\n");
    printf ("\t5\t 铁板鱿鱼套餐\t\t12.00\n\n");
}

/* 函数定义 */
double cmGetPrice (int ix, int iy)
{
    double dz;
    switch (ix)
    {
        case 1: dz = 8; break;
        case 2: dz = 10; break;
        case 3: dz = 10; break;
        case 4: dz = 12; break;
        case 5: dz = 12; break;
    }
    return (dz * iy);
}
```

4. 运行程序

运行程序，会显示菜单，并提示点餐，如图 6.13 所示。

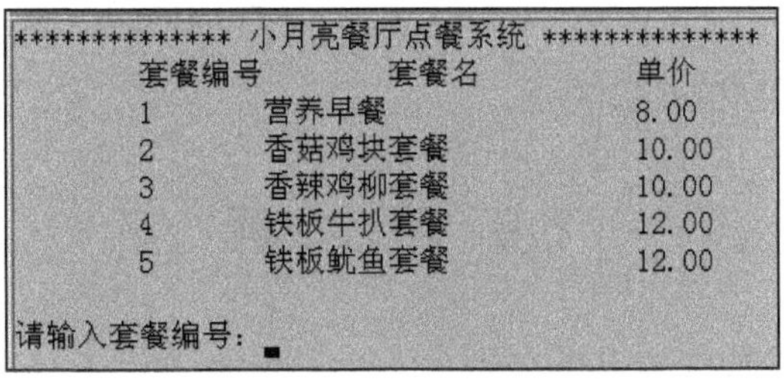

```
************** 小月亮餐厅点餐系统 **************
        套餐编号        套餐名          单价
        1       营养早餐                8.00
        2       香菇鸡块套餐            10.00
        3       香辣鸡柳套餐            10.00
        4       铁板牛扒套餐            12.00
        5       铁板鱿鱼套餐            12.00

请输入套餐编号:
```

图 6.13　显示套餐列表

输入套餐编号，按回车键，会提示用户输入套餐份数，如图 6.14 所示。

```
************** 小月亮餐厅点餐系统 **************
            套餐编号          套餐名              单价
            1          营养早餐                 8.00
            2          香菇鸡块套餐             10.00
            3          香辣鸡柳套餐             10.00
            4          铁板牛扒套餐             12.00
            5          铁板鱿鱼套餐             12.00

请输入套餐编号：4
请输入套餐份数：
```

图 6.14　提示输入套餐份数

输入份数，按回车键，会提示应付金额，如图 6.15 所示。

```
************** 小月亮餐厅点餐系统 **************
            套餐编号          套餐名              单价
            1          营养早餐                 8.00
            2          香菇鸡块套餐             10.00
            3          香辣鸡柳套餐             10.00
            4          铁板牛扒套餐             12.00
            5          铁板鱿鱼套餐             12.00

请输入套餐编号：4
请输入套餐份数：2
应付金额：24.00
实付金额：
```

图 6.15　应付金额提示

输入实付金额，提示找零金额及重新点餐操作，如图 6.16 所示。

```
************** 小月亮餐厅点餐系统 **************
            套餐编号          套餐名              单价
            1          营养早餐                 8.00
            2          香菇鸡块套餐             10.00
            3          香辣鸡柳套餐             10.00
            4          铁板牛扒套餐             12.00
            5          铁板鱿鱼套餐             12.00

请输入套餐编号：4
请输入套餐份数：2
应付金额：24.00
实付金额：50
找零金额：26.00
按任意键重新点餐！
```

图 6.16　找零金额及重新点餐操作提示

按任意键，系统恢复到图 6.13 界面。

6.6　习　　题

第 1 题：以下 func 函数头部正确的是(　　)。

A．float func (int a, int b)　　　　B．float func (int a;int b)

C．float func (int a, int b);　　　　D．float func (int a, b)

第 2 题：以下程序的运行结果是(　　)。

```
# include "stdio.h"
# define N 5
# define M N+1
# define F(x) (x * M)
int main (void)
{
    int i1, i2;
    i1 = F(2);
    i2 = F(1+1);
    printf ("%d, %d\n", i1, i2);
}
```

A．12, 12　　B．11, 7　　C．11, 11　　D．12, 7

第 3 题：以下程序的运行结果是(　　)。

```
# include "stdio.h"
# define SUB(a) (a) - (a)
int main (void)
{
    int a = 2, b = 3, c = 5, d;
    d = SUB (a + b) * c;
    printf ("%d\n", d);
}
```

A．0　　B．−12　　C．−20　　D．10

第 4 题：写出以下程序的运行结果。

```
# include "stdio.h"
int fun (int ix, int iy)
{
    return ix + iy;
}
int main (void)
{
    int ia = 2, ib = 3, ic = 4;
    printf ("%d\n", fun (fun ((ia--, ib++, ia + ib), ic--), ia));
}
```

第 5 题：写出以下程序的运行结果。

```
# include "stdio.h"
long fun (int ix)
{
    long lp;
    if (ix == 0 || ix == 1)
    {
    return 2;
    }
    lp = ix * fun (ix - 1);
    return lp;
}
```

```
int main (void)
{
    printf ("%d\n", fun (4));
    return 0;
}
```

第 6 题：编程，实现由主函数输入任意 3 个数，用子函数输出其中的最大值。

第 7 题：已知鸭和羊总共有 x 只，脚共有 y 只，编写程序，求鸭和羊分别有多少只。

(1) 编写主函数，实现 x 和 y 的合理数据输入。

(2) 编写子函数计算鸭和羊分别有多少只，并将计算结果输出。

第 8 题：编程，输入整数 a 和 n 的值，计算 a^n。

第 9 题：编程，计算公式 $C_n^m = \frac{n!}{(n-m)!m!}$ 并输出结果。

(1) 编写子函数计算 n!。

(2) 编写主函数，实现 n 和 m 的键盘输入，调用子函数完成计算，并输出结果。

(3) 输入 n 和 m 要给出输入提示，检查 n 和 m 的合理性。对不合理的输入，应给出输入错误提示，且不再进行计算。

第7章 毒酒测试问题

教学目标

通过本章的学习，使学生理解内存中数据存储的基本原理。

教学要求

知识要点	能力要求	关联知识
内存数据	理解数据在内存中的存储方式	内存地址
二进制编码	(1) 理解无符号数与有符号数的存储形式 (2) 理解运算产生的进位和溢出现象 (3) 掌握避免溢出的方法	原码 补码 进位 溢出
位运算	掌握6种位运算	&、|、～、^、<<、>>6个位运算符

重点难点

- ✧ 有符号数的补码表示
- ✧ 位运算

思考这个问题：有 8 桶酒，其中 1 桶有毒，一旦喝了，毒性会在 1 小时后发作。若用小老鼠做实验，要在 1 小时后找出那桶毒酒，最少需要多少只老鼠。

面对这个问题首先需要考虑的是如何区分这 8 桶酒。计算机区分相同事物采用的方法，是对事物进行编号，编号从 0 开始。如图 7.1 所示，将这 8 桶酒命名为第 0 桶～第 7 桶。

图 7.1　对 8 桶酒编号

计算机内，所有的数字都是二进制数，这 8 桶酒的编号实际是从 000～111，如图 7.2 所示。

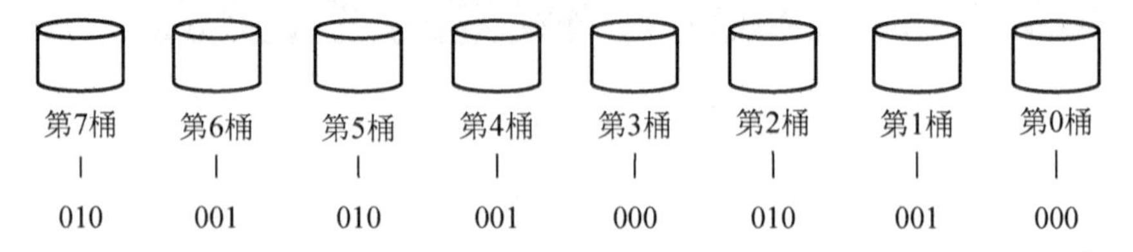

图 7.2　8 桶酒的二进制编号

8 桶酒中只有一桶毒酒，所以酒有毒的情况总共有 8 种：要么第 0 桶有毒，要么第 1 桶有毒，……，要么第 7 桶有毒。

另一方面，从老鼠的酒后状态来考虑。一只老鼠喝酒之后，只可能有两种情况：要么存活，要么死亡。两只老鼠(称为 A 和 B)喝酒之后，可能有 4 种情况：A 活 B 活、A 活 B 亡、A 亡 B 活、A 亡 B 亡。3 只老鼠(称为 A、B 和 C)喝酒之后，可能有 8 种情况：A 活 B 活 C 活、A 活 B 活 C 亡、A 活 B 亡 C 活、A 活 B 亡 C 亡、A 亡 B 活 C 活、A 亡 B 活 C 亡、A 亡 B 亡 C 活、A 亡 B 亡 C 亡。

若用二进制信息来表示存活与死亡两种状态，如 0 表示存活，1 表示死亡。老鼠在不喝酒的情况下肯定能存活，只有喝酒才可能死亡，因此也可用 0 表示不喝酒，1 表示喝酒。三只老鼠喝酒之后的 8 种情况可表示为图 7.3。

老鼠A	老鼠B	老鼠C
0	0	0
0	0	1
0	1	0
0	1	1
1	0	0
1	0	1
1	1	0
1	1	0

存活 / 不喝：0
死亡 / 喝：1

图 7.3　3 只老鼠喝酒后的情况

图 7.3 中的 8 个二进制数与图 7.2 中的 8 桶酒的编号一一对应，故要找出毒酒，用 3 只老鼠来测试便可。测试的方法如图 7.4 所示。

测试方法为：如图 7.4 所示，第 0 桶酒，所有老鼠都不喝，若后来发现老鼠都存活，则必定是第 0 桶酒有毒；第 1 桶酒，仅老鼠 C 喝，若后来发现只有老鼠 C 死亡，则必定是第 1 桶酒有毒；第 2 桶酒，仅老鼠 B 喝，若后来发现只有老鼠 B 死亡，则必定是第 2 桶酒有毒；其余酒的分配方式依次类推。

	老鼠A	老鼠B	老鼠C	
第0桶	0	0	0	存活 / 不喝：0
第1桶	0	0	1	死亡 / 喝：1
第2桶	0	1	0	
第3桶	0	1	1	
第4桶	1	0	0	
第5桶	1	0	1	
第6桶	1	1	0	
第7桶	1	1	0	

图 7.4　3 只老鼠测试 8 桶酒的方法

毒酒测试问题实际上是十进制数转换为二进制数的问题。计算机在处理十进制数的运算时，都是将数字转换为二进制数进行运算。只有认识二进制数，才能理解计算机中数据的本质。

7.1　初识内存数据

程序要处理的数据都存放在内存中，内存可理解为图 7.5 所示结构。

如图 7.5 所示，一个单元格是一个存储单元，它能容纳一个 8 位的二进制数(8 位二进制数称为一个字节)。内存中有很多个这样的存储单元。存储单元之间靠编号来区分，编号也称为地址，地址从 0 开始计算。一个存储单元有一个唯一的地址。

8 位二进制数(如 char、unsigned char 类型数据)只占一个存储单元，该单元的地址便是该数据的首地址。16 位二进制数(如 short、unsigned short 类型数据)占两个存储单元，两个单元各有一个地址，其中较小的地址是该数据的首地址。如图 7.6 中左图所示，3276638 是该 16 位数据的首地址，它表示数据从这个地址开始存放。32 位二进制数(如 int、unsigned int、long、unsigned long 和 float 类型数据)占 4 个存储单元，4 个单元各有一个地址，其中最小的地址是该数据的首地址。如图 7.6 中右图所示，2930320 是该 32 位数据的首地址，它表示数据从这个地址开始存放。

数据在存储单元中采用“低对低、高对高”的方式存储，高 8 位放地址高的单元，低 8 位放地址低的单元。

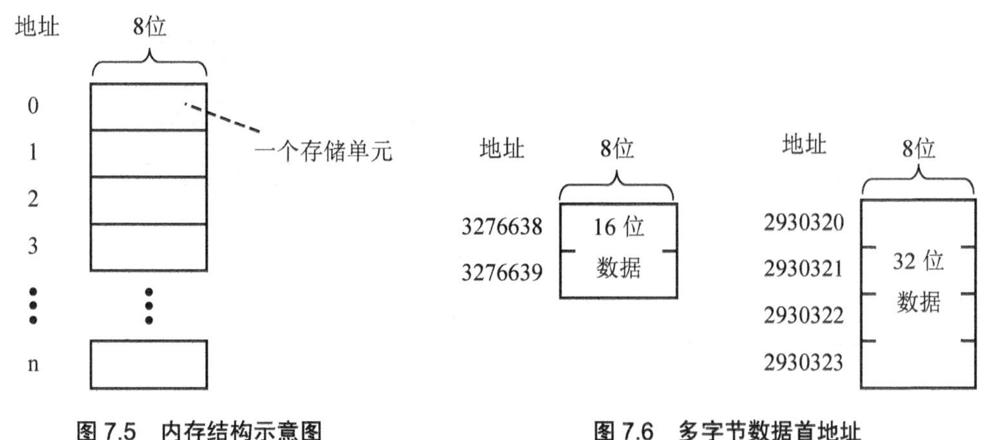

图 7.5　内存结构示意图　　**图 7.6　多字节数据首地址**

【例 7.1】unsigned short wNum = 16;

语句定义了一个无符号短型数据，占据两个存储单元，并将 16 对应的二进制数放入这两个存储单元中。无符号数 16 转换为二进制数为 0000 0000 0001 0000，高 8 位(0000 0000)放入地址较高的单元(下方单元)，低 8 位(0001 0000)放入地址较低的单元(上方单元)，存储示意图如图 7.7 所示。

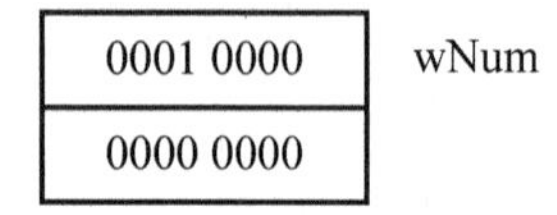

图 7.7　16 位数据存储示意图

【例 7.2】unsigned int uNum = 300;

语句定义了一个无符号整型数据，占据 4 个存储单元，并将 300 对应的二进制数放入这两个存储单元中。无符号数 300 转换为二进制数为 0000 0000 0000 0000 0000 0001 0010 1100，最高 8 位(0000 0000)放入地址最高的单元(最下方单元)，最低 8 位(0010 1100)放入地址最低的单元(最上方单元)，存储示意图如图 7.8 所示。

0010 1100	uNum
0000 0001	
0000 0000	
0000 0000	

图 7.8　32 位数据存储示意图

7.2　二进制编码

除了无符号类型数据，计算机还必须具备处理有符号数的能力。因计算机中只有 0 和 1，有符号数的正负符号也必须数字化。有符号数在计算机内以补码来表示，要了解补码必须先了解原码。

原码与补码都必须是 8 位、16 位、32 位二进制数。其中，最高位表示符号(0 正 1 负)，其余位表示数值，如图 7.9 所示。

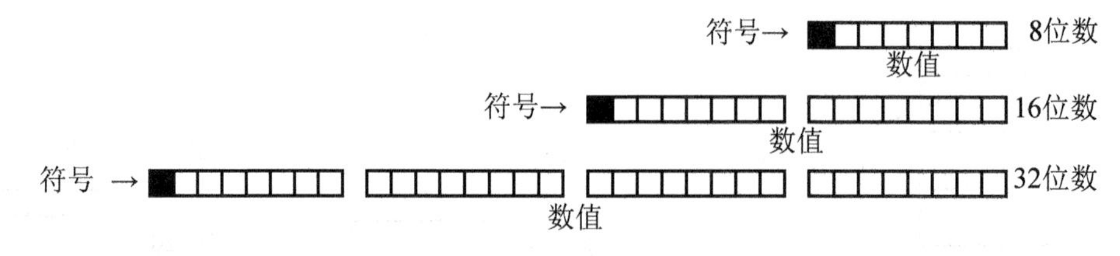

图 7.9　原码、补码结构

原码的数值部分是十进制数据对应的二进制数，如+48 的八位二进制原码为 0011 0000，16 位二进制原码为 0000 0000 0011 0000，−48 的 8 位二进制原码为 1011 0000，16 位二进制原码 1000 0000 0011 0000。

正数的补码与原码相等，负数的补码与原码的相互转换则可按照此方法进行：保持符号位不变，数值部分从低位向高位，出现第一个 1 以前(包括第一个 1)的所有位不变，其余位取反。

【例 7.3】写出+32、-57 的 8 位二进制原码和补码。

```
+32 的原码为 0010 0000，+32 的补码为 0010 0000 (正数的原码与补码相等)；
-57 的原码为 1011 1001，-57 的补码为 1100 0111。
```

课堂练习 1：分别写出+65、+200、-65、-200 的 16 位原码和补码。

7.3　进位与溢出

【例 7.4】分析下面语句执行后 cC 的值。

```
char cA = 64, cB = -16, cC;
cC = cA + cB;
```

变量 cA、cB 和 cC 都是字符型，“字符型”全称为“有符号字符型”，本质上是 8 位的二进制数。因为是有符号数，所以 8 位二进制数的最高位是符号位。变量 cA 中的二进制数补码是 0100 0000 (+64 的补码与原码相等)，变量 cB 中的二进制数是 1111 0000(-16 的补码)。两个二进制补码相加的情况如图 7.10 所示。

两个 8 位二进制数相加得到一个 9 位的结果，两个 16 位二进制数相加得到一个 17 位的结果，或者两个 32 位二进制数相加得到一个 33 位的结果，这种运算结果位数增多的现象称为“进位”。进位是一种正常的现象，计算机对进位采取丢弃的方式处理，只将剩余的 8 位(16 位或 32 位)作为运算结果，符号位始终是丢弃进位之后，剩余多个位的最高位。

```
  符号位
   ↓
   0100 0000      (+64的补码)
+  1111 0000      (-16的补码)
---------------
   0011 0000      (+48的补码)
```

图 7.10　运算产生进位

可借助下面的程序运行查看 cC 的值。

```
# include "stdio.h"
int main (void)
{
    char cA = 64, cB = -16, cC;
    cC = cA + cB;
    printf ("%d", cC);
    return 0;
}
```

运行结果：

```
48请按任意键继续. . .
```

【例 7.5】分析下面语句执行后 cF 的值。

```
char cD = 65, cE = 64, cF;
cF = cD + cE;
```

字符型数据是 8 位有符号二进制数。65 和 64 都是正数，符号位为 0。变量 cD 中的二进制数是 0100 0001(+65 的补码)，变量 cE 中的二进制数是 0100 0000(+64 的补码)。两个补码相加的情况如图 7.11 所示。

符号位

```
   0100 0001      (+65的补码)
+  0100 0000      (+64的补码)
  ----------
   1000 0001      (-127的补码)
```

图 7.11　运算产生溢出

两个正数相加的结果，所得结果理论上也应是正数，而这两个二进制数相加的结果是 1000 0001，符号位为 1，是一个负数。两个正数相加得到一个负数的结果，或者两个负数相加得到一个正数的结果，这种有悖于数学理论的现象称为“溢出”。

把补码 1000 0001 转换为原码是 1111 1111，对应的十进制数是-127。变量 cF 的值是-127。

可借助下面的程序运行查看 cF 的值。

```
# include "stdio.h"
int main (void)
{
char cD = 65, cE = 64, cF;
cF = cD + cE;
printf ("%d", cF);
return 0;
}
```

运行结果：

```
-127请按任意键继续. . .
```

溢出是一种错误的现象，编程时应当避免产生溢出。避免发生溢出的方法是给数据定义较大的数据类型。例如，将 char 类型改为 short 类型。

7.4　位 运 算

位运算是对计算机中的二进制信号进行处理的运算，6 个位运算符见表 7-1。

表 7-1　位运算符

位 运 算	运 算 符	运算规则
与	&	逢 0 为 0，全 1 为 1
或	|	逢 1 为 1，全 0 为 0
非	～	0 变 1，1 变 0
异或	^	同为 0，异为 1
左移	<<	移出部分丢弃，右补 0
右移	>>	移出部分丢弃，无符号数左补 0，有符号数左补符号

1. 与运算

与运算也称为按位与，两个等长的二进制数进行与运算时，对应的两个位相与，两个位中只要有一个位为 0，运算结果对应的位则为 0，除非两个参与运算的位都是 1，运算结果对应的位才为 1。

【例 7.6】分析下面语句执行后，byResult 的值。

```
unsigned char byNum1 = 57, byNum2 = 16, byResult;
byResult = byNum1 & byNum2;
```

byNum1 和 byNum2 实为 8 位二进制数 0011 1001 和 0001 0000，与运算情况如图 7.12 所示。

两个数只有在第 4 位(右数，最低位称为第 0 位)上都是 1，其余位都存在 0，运算后，byResult 的值为 16。

```
  0011 1001    (57)
& 0001 0000    (16)
-----------
  0001 0000    (16)
```

图 7.12　与运算

与运算通常用于“清零部分信号”，使用时，须清零的位和 0 相与，须保留的位和 1 相与。

例如，有一个值未知的 unsigned char 类型数据 a，将其最高位清零，语句为：

```
a &= 128;    // 等价于 a = a & 128;
```

2. 或运算

或运算也称为按位或，两个等长的二进制数进行或运算时，对应的两个位相或，两个位中只要有一个位为 1，运算结果对应的位则为 1，除非两个参与运算的位都是 0，运算结果对应的位才为 0。

【例 7.7】分析下面语句执行后，byResult 的值。

```
unsigned char byNum1 = 57, byNum2 = 16, byResult;
byResult = byNum1 | byNum2;
```

byNum1 和 byNum2 进行或运算情况如图 7.13 所示。

```
  0011 1001    (57)
| 0001 0000    (16)
-----------
  0011 1001    (57)
```

图 7.13　或运算

参与运算的两个数，凡是有 1 出现的位，则运算结果对应的位为 1，运算后，byResult 的值为 57。

或运算通常用于“置位部分信号”，使用时，须置位的位和 1 相或，须保留的位和 0 相或。

例如，有一个值未知的 unsigned char 类型数据 a，将其最高 3 个位置位。语句为：

```
a |= 224;    // 等价于 a = a | 224;
```

3. 非运算

非运算是针对单个数据进行的运算，它将数据中的 0 变为 1，1 变为 0，起到将整串信号取反的作用。

例如，下面语句执行后，a 的值为 1。

```
unsigned char a = 254;  // 254 的二进制数为 1111 1110
a = ~a;   // a 中的二进制数为 0000 0001
```

4. 异或运算

两个等长的二进制数进行异或运算时，对应的两个位相异或，若两个位不相等，运算结果对应的位则为 1，若两个位相等，运算结果对应的位才为 0。

【例 7.8】分析下面语句执行后，byResult 的值。

```
unsigned char byNum1 = 57, byNum2 = 16, byResult;
byResult = byNum1 ^ byNum2;
```

byNum1 和 byNum2 进行异或运算情况如图 7.14 所示。

```
      0011 1001      (57)
^     0001 0000      (16)
-----------------
      0010 1001      (41)
```

图 7.14 异或运算

参与运算的两个数，凡是两个位不相等，则运算结果对应的位为 1，运算后，byResult 的值为 41。

异或运算通常用于“取反部分信号”和“清零整串信号”。若要取反一部分信号，使用时，需取反的位和 1 相异或(0 异或 1 变为 1，1 异或 1 变为 0)，须保留的位和 0 相或。若要清零整串信号，使用时让整串信号与自身相异或即可。

5. 移位运算

移位运算是将一串二进制数整体左移或右移，一般形式为：

数据 << 左移的位数

数据 >> 右移的位数

1) 左移

运算规则是：移出部分丢弃，右补 0，如图 7.15 所示。

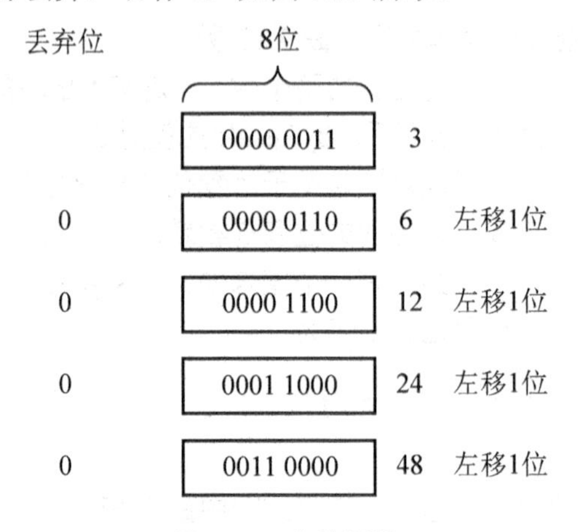

图 7.15 左移运算

在一个二进制数的末尾添加 0，相当于是将该二进制数乘以 2，因此左移运算有时用于代替乘法运算。

课堂练习 2：编程，任意输入一个整数，输出它的 4 倍结果和 8 倍结果，不使用乘法运算。

课堂练习 3：编程，任意输入一个整数，输出它的 24 倍结果，不使用乘法运算。提示：注意运算符优先级。

2) 右移

运算规则是：移出部分丢弃，若参与右移的是无符号数，则左补 0(如图 7.16 所示)；若参与右移的是有符号数，则左补符号(如图 7.17 所示)。

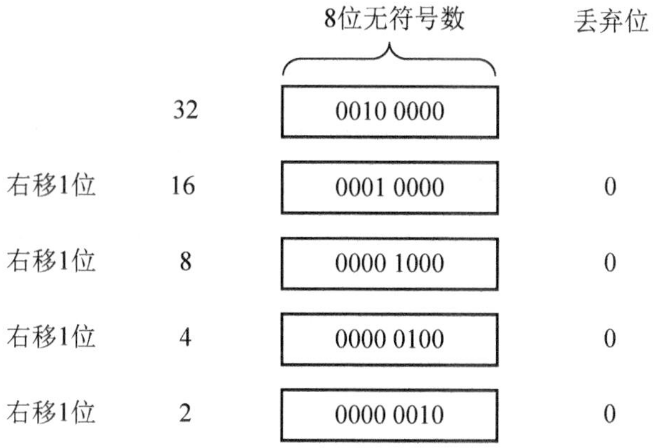

8位无符号数　丢弃位

		8位无符号数	丢弃位
	32	0010 0000	
右移1位	16	0001 0000	0
右移1位	8	0000 1000	0
右移1位	4	0000 0100	0
右移1位	2	0000 0010	0

图 7.16　无符号数右移运算

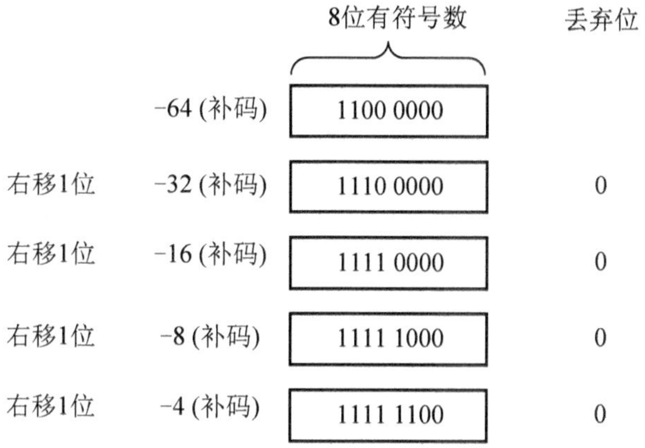

		8位有符号数	丢弃位
	−64 (补码)	1100 0000	
右移1位	−32 (补码)	1110 0000	0
右移1位	−16 (补码)	1111 0000	0
右移1位	−8 (补码)	1111 1000	0
右移1位	−4 (补码)	1111 1100	0

图 7.17　有符号数右移运算

将一个二进制数右移 1 位，相当于是将该二进制数除以 2，因此右移运算有时用于代替除法运算。

7.5　实作：趣味测试

1. 任务描述

编写程序对用户进行趣味测试，用户通过单击按钮来完成测试。功能需求：

(1) 测试题目均为判断题，用户通过单击“是”或“否”按钮来答题，问题及答案见表 7-2。

表 7-2　测试题及答案

问　题	答　案
日月潭在中国广西。	错误
南极和北极不一样冷。	正确
3，5，8 可能是某三角形的边长。	错误

(2) 用户每答完一道题，公布答案。

2. 功能实现

1) 工程类型

前面的章节,凡是编程练习都要求读者在编程环境中建立控制台工程并编写控制台应用程序。控制台应用程序在运行时，会出现控制台窗口，窗口中可实现键盘输入及屏幕输出功能。

本实作任务要求用鼠标单击按钮来操作程序，这应该在窗口程序中实现。

使用 C-Free5 的读者，在新建工程时，选择【窗口程序】，如图 7.18 所示。

在窗口程序类型中，选中【空的程序】单选按钮，如图 7.19 所示。

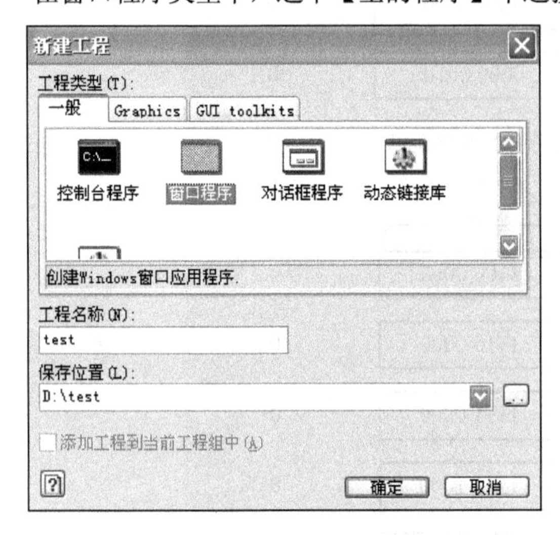

图 7.18　C-Free5 环境新建窗口程序

图 7.19　窗口程序类型选择

使用 VC6.0 的读者，在新建工程时，选择 Win32 Application，如图 7.20 所示。

在工程类型中，选中【一个空工程】单选按钮，如图 7.21 所示。

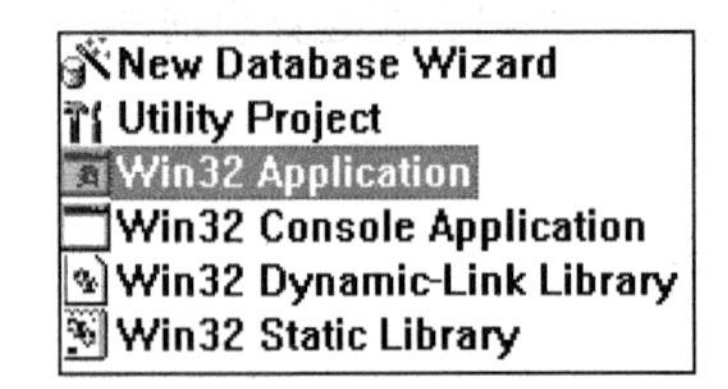

图 7.20　VC6.0 环境新建窗口程序

图 7.21　工程类型选择

2) 消息提示框

本任务需要的文字显示，按钮等功能，可以用消息提示框来实现。消息提示框采用 windows.h 中的 MessageBox 函数实现。

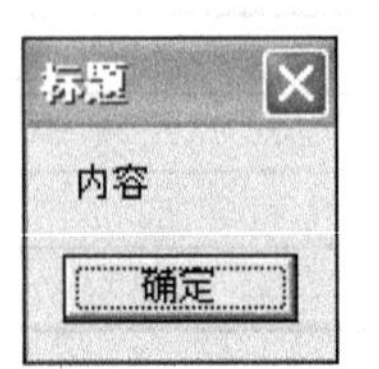

图 7.22　消息提示框示例

MessageBox 函数的常用形式为：

```
MessageBox (NULL, TEXT("消息内容"), TEXT("标题"), 设置项);
```

其中，设置项是指消息提示框的按钮形式、图标显示等。

例如，语句“MessageBox (NULL, TEXT(“内容”), TEXT(“标题”), MB_OK);” 的执行效果如图 7.22 所示。

MessageBox 函数的“设置项”是宏命令的组合，常用宏命令见表 7-3。

表 7-3 MessageBox 函数常用宏命令

宏命令		含义
按钮组合	MB_OK	显示一个【确定】按钮
	MB_OKCANCEL	显示一个【确定】按钮和一个【取消】按钮
	MB_ABORTRETRYIGNORE	显示一个【终止】按钮、一个【重试】按钮和一个【忽略】按钮
	MB_YESNOCANCEL	显示一个【是】按钮、一个【否】按钮和一个【取消】按钮
	MB_YESNO	显示一个【是】按钮和一个【否】按钮
	MB_RETRYCANCEL	显示一个【重试】按钮和一个【取消】按钮
缺省按钮设置	MB_DEFBUTTON1	第 1 个按钮为缺省按钮
	MB_DEFBUTTON2	第 2 个按钮为缺省按钮
	MB_DEFBUTTON3	第 3 个按钮为缺省按钮
	MB_DEFBUTTON4	第 4 个按钮为缺省按钮
图标设置	MB_ICONQUESTION	显示问号图标
	MB_ICONWARNING	显示感叹号图标

在 MessageBox 函数的“设置项”中需要使用多个宏命令时，多个命令之间用或运算符“|”连接。

例如，显示一个【确定】按钮和一个感叹号图标，语句为：

```
    MessageBox (NULL, TEXT("内容"), TEXT("标题"), MB_OK
| MB_ICONWARNING);
```

图 7.23 使用复合宏命令效果

运行效果如图 7.23 所示。

MessageBox 函数的返回值对应按下的按钮，见表 7-4。

表 7-4 MessageBox 函数返回值

返回值	含义
0	建立对话框失败
1	按下【确定】按钮
2	按下【取消】按钮
3	按下【终止】按钮
4	按下【重试】按钮
5	按下【忽略】按钮
6	按下【是】按钮
7	按下【否】按钮

3) 问题与答案组合

利用 MessageBox 函数将测试问题与答案进行组合，第一个问题及答案程序段为：

```
    int iRet;
    iRet = MessageBox(NULL,TEXT("日月潭在中国广西。"),TEXT("第 1 题"),MB_YESNO | MB_
ICONQUESTION);

    MessageBox(NULL,(iRet == 6)?TEXT("回答错误"):TEXT("回答正确"),TEXT("结果"),
MB_OK);
```

3. 程序整合

完整程序如下：

```
# include "windows.h"
int main (void)
{
    int iRet;
    iRet = MessageBox(NULL,TEXT("日月潭在中国广西。"),TEXT("第 1 题"), MB_YESNO|
MB_ICONQUESTION);   // 第 1 题
    MessageBox(NULL,(iRet == 6)?TEXT("回答错误"):TEXT("回答正确"),TEXT("结果"),
MB_OK);  // 第 1 题答案
    iRet = MessageBox(NULL,TEXT("南极和北极不一样冷。"),TEXT("第 2 题"), MB_YESNO
| MB_ICONQUESTION);  // 第 2 题
    MessageBox(NULL,(iRet == 6)?TEXT("回答正确"):TEXT("回答错误"),TEXT("结果"),
MB_OK);  // 第 2 题答案
    iRet = MessageBox(NULL,TEXT("3, 5, 8 可能是三角形的边长"),TEXT("第 3 题"),
MB_YESNO|MB_ICONQUESTION);  // 第 3 题
    MessageBox(NULL,(iRet == 1)?TEXT("回答错误"):TEXT("回答正确"),TEXT("结果"),
MB_OK); // 第 3 题答案
    return 0;
}
```

4. 运行程序

运行程序，显示如图 7.24 所示的消息提示框。

单击【是】按钮，显示如图 7.25 所示的消息提示框。

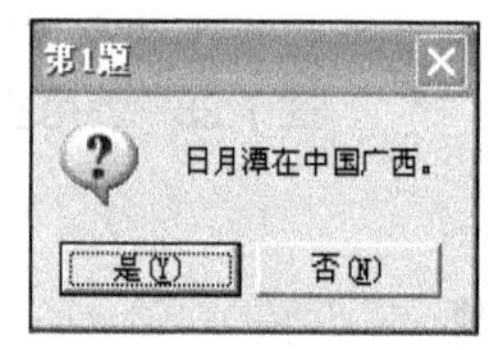

图 7.24　第 1 题题目

图 7.25　第 1 题答题结果

单击【确定】按钮，显示第 2 题题目，如图 7.26 所示。

单击【是】按钮，显示如图 7.27 所示的消息提示框。

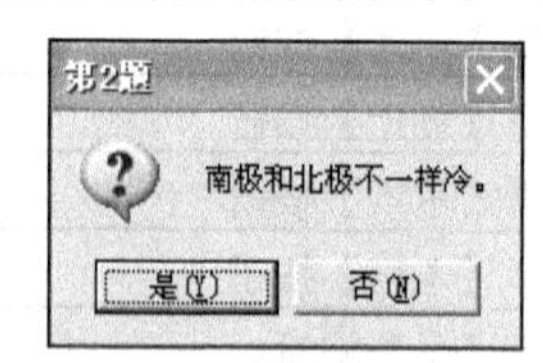

图 7.26　第 2 题题目

图 7.27　第 2 题答题结果

单击【确定】按钮，显示第 3 题题目，如图 7.28 所示。

单击【是】按钮，显示如图 7.29 所示消息提示框。

图 7.28　第 3 题题目

图 7.29　第 3 题答题结果

单击【确定】按钮，消息提示框关闭，程序结束。

7.6 习　　题

第 1 题：填空

(1) 7 & 3 结果为_____________。

(2) 20 & 16 结果为____________。

(3) 64 | 9 结果为______________。

(4) 129 | 7 结果为_____________。

(5) 32 | 8 & 5 结果为___________。

(6) 65 ^ 12 结果为_____________。

(7) ~255 结果为______________。

(8) ~240 结果为_______________。

(9) 77 | 10 & 2 ^ 12 结果为_____________。

(10) 12 << 3 结果为____________ 。

(11) 7 << 4 结果为____________ 。

(12) 3 << 4 结果为_____________。

(13) 128 >> 2 结果为___________。

(14) 96 >> 3 结果为____________。

第 2 题：以下语句的输出结果是(　　)。

```
s = 32;
s ^= 32;
printf ("%d", s);
```

A. -1　　　　B. 0　　　　C. 1　　　　D. 32

第 3 题：在空白处填写位运算表达式使程序输出 0。

```
# include "stdio.h"
int main (void)
{
    int ix;
    scanf ("%d", &ix);
    ix = ________________;
    printf ("%d", ix);
    return 0;
}
```

第 4 题：编程，任意输入两个字符到变量 cx 和 cy 中，不使用第 3 个变量，交换变量 cx 和 cy 中的字符，然后输出。

第 5 题：编程，任意输入一个 0～255 的整数，输出它对应的 8 位二进制数。

第8章 访存问题

教学目标

通过本章的学习，使学生掌握数组编程和指针的基本使用。

教学要求

知识要点	能力要求	关联知识
数据长度	理解不同类型数据的长度	长度运算符 sizeof
一维数组	掌握一维数组的定义与存取	一维数组定义 一维数组赋值 一维数组输入输出
二维数组	掌握二维数组的定义与存取	二维数组定义 二维数组赋值 二维数组输入输出
字符数组	掌握字符数组的定义与使用	字符数组定义 字符数组的输入输出 字符串处理函数
指针	理解指针的概念 掌握指针变量的定义与赋值 掌握间接访问内存的基本方法	取址符& 指针变量定义 指针变量赋值 指针变量使用

重点难点

✧ 非字符数组
✧ 字符数组
✧ 指针

C 语言有各种数据类型，如字符型、整形、长型等。程序运行时，数据都存放在内存中，不同类型的数据在内存中占用的存储空间大小各不相同，即便是同一种类型的数据，在不同字长的计算机中，占用的存储空间大小也不一样。

本章介绍数据在内存中的存储形式以及如何访问内存中的数据。

8.1 不同机器中的数据长度

我们现在所使用的个人电脑，大部分是 32 位机。在 32 位机之前，有 16 位机，更早还有 8 位机。现在不少单片机仍是 8 位、16 位。

以 16 位机和 32 位机做个对比。16 位机上，常用的 C 语言整数类型有以下 8 种，它们在内存中占用的字节数(即长度)见表 8-1。

表 8-1 16 位机上常用的 C 语言整数类型

C 语言整数类型	长　度
char	1
unsigned char	1
short	2
unsigned short	2
int	2
unsigned int	2
long	4
unsigned long	4

其中，short 与 int 都表示 16 位有符号二进制数，取值范围都是-32768～32767。unsigned short 与 unsigned int 都表示 16 位无符号二进制数，取值范围都是 0～65535。

在 32 位机上，常用的 C 语言整数类型仍为以下 8 种，见表 8-2。但它们在内存中占用的字节数较在 16 位机上有了一定变化。

表 8-2 32 位机上常用的 C 语言整数类型

C 语言整数类型	长　度
char	1
unsigned char	1
short	2
unsigned short	2
int	4
unsigned int	4
long	4
unsigned long	4

int 类型和 unsigned int 类型从以前的 16 位变成了 32 位，占用 4 个字节。int 与 long 相同，取值范围都是-2147483648～+2147483647。unsigned int 与 unsigned long 相同，取值范围都是 0～4294976295。

在后来的64位机上还出现了更多的整数类型，如64位(长度为8)的类型long long等。

查看一个数据所占用的内存空间大小，可用长度运算符sizeof实现。该运算符的一般形式为：

sizeof(数据名称)

【例8.1】分析以下程序分别在16位机和32位机上运行的效果。

```
# include "stdio.h"
int main (void)
{
    int ia, ib;
    ib = sizeof (ia);
    printf ("%d", ib);
    return 0;
}
```

以上程序在16位机上运行，显示2；在32位机上运行，显示4。

课堂练习1：下面3个程序的运行结果分别是什么？

# include "stdio.h" 	
int main (void)
{
short na, nb;
nb = sizeof(na);
printf("%d", nb);
return 0;
}
	# include "stdio.h"
	int main (void)
	{
	char ca, cb, cc;
	cc = sizeof(ca) + sizeof(cb);
	printf("%d", cc);
	return 0;
	}
		# include "stdio.h"
		int main (void)
		{
		long la, lb, lc;
		lc = sizeof(la) + sizeof(lb);
		printf("%d", lc);
		return 0;
		}

思考1：在80个存储单元中定义50个数据，数据有char和int两种类型，则应定义多少个char数据和多少个int数据？(未作特殊说明默认为32位机。)

8.2 一维数组

一维数组是内存中连续存放的一串(多个)同类型数据。

1. 一维数组的定义

定义一维数组的一般形式为：

数据类型　数组名[数据个数]；

数据类型是指数组中所有数据的类型，数组中的每一个数据也称为“元素”，数组的命名一般遵循匈牙利命名法，见表8-3。

表8-3　匈牙利命名法(四)

类　型	前　缀	举　例
数组(Array)	a	int aNum[10];

一维数组定义后，计算机会自动给数组中的每个元素命名，数据元素以“数组名[编号]”方式命名，编号从0开始。

【例8.2】分析语句 unsigned char aTemp[50];的执行结果。

语句定义了一个由50个 unsigned char 数据组成的数组 aTemp。数组中的50个数据被计算机自动命名为 aTemp[0]～aTemp[49]。数据在内存中的存储示意图如图8.1所示。

【例8.3】分析语句 short aScore[6];的执行结果。

语句定义了一个由6个 short 数据组成的数组 aScore。数组中的6个数据被计算机自动命名为 aScore [0]～aScore [5]。数据在内存中的存储示意图如图8.2所示。

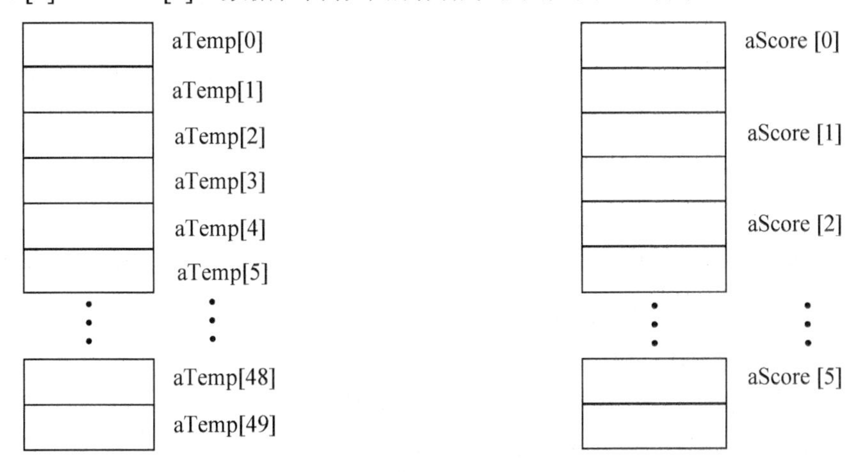

图8.1 由50个 unsigned char 数据组成的数组　　图8.2 由6个 short 数据组成的数组

【例8.4】分析语句 int aNum[3]; 的执行结果。

语句定义了一个由3个 int 数据组成的数组 aNum。数组中的3个数据被计算机自动命名为 aNum[0]～aNum[2]。数据在内存中的存储示意图如图8.3所示。

2. 一维数组的存取

给一维数组赋值数据有两种方法：一种是定义数组时赋值，另一种是定义数组后赋值。

1) 定义数组时赋值

在定义数组时，给数组赋值，一般形式为：

```
数据类型　数组名[数据个数] = {数据0, 数据1,……}
```

2) 定义数组后赋值

在定义数组之后，给数组中某个元素赋值，一般形式为：

```
数组名[数据编号] = 数据值;
```

【例8.5】分析语句 unsigned char aNum[5] = {50, 60,78,90,120};的执行结果。

语句初始化了一个一维5元数组。数组 aNum 在内存中的存储情况如图8.4所示。

在对一个数组进行初始化时，若数组元素全部赋值，则数组名后的元素总数可省略，语句 unsigned char aNum[5] = {50, 60,78,90,120};可写为 unsigned char aNum[ ] = {50, 60,78,90,120};。

对数组进行初始化时，若数组元素赋值不完全，则未赋值的元素被自动赋值为0。

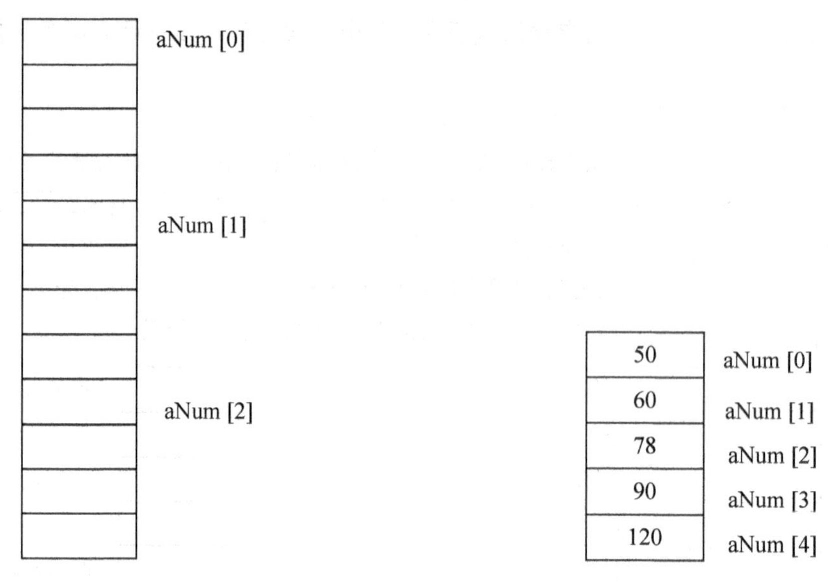

图 8.3　由 3 个 int 数据组成的数组　　图 8.4　被完全初始化的一维数组

【例 8.6】分析语句 unsigned char aTemp[5] = {50, 60};的执行结果。

语句初始化了一个一维 5 元数组，但只给前两个元素赋值，则其余 3 个元素被计算机自动赋值为 0。数组 aTemp 在内存中的存储情况如图 8.5 所示。

【例 8.7】语句 unsigned char aNum[5];执行后，在内存中划分了 5 个单元并给这 5 个单元命名为 aNum[0]～aNum[4]。按照图 8.6 给数组赋值，则应对每个单元单独装入数据。

50	aTemp [0]
60	aTemp [1]
0	aTemp [2]
0	aTemp [3]
0	aTemp [4]

图 8.5　未被完全初始化的一维数组

0	aNum [0]
1	aNum [1]
2	aNum [2]
3	aNum [3]
4	aNum [4]

图 8.6　给已定义的数组元素单独赋值

给数组各元素单独赋值，语句为：

```
aNum[0] = 0;
aNum[1] = 1;
aNum[2] = 2;
aNum[3] = 3;
aNum[4] = 4;
```

当数组中的数据有规律可循时，可采用循环结构给各元素赋值，如：

```
for (int ix = 0; ix <= 4; ix ++)
{
    aNum[ix] = ix;
}
```

课堂练习 2： 定义一个一维 100 元数组，按图 8.7 给数组赋值，并输出显示各元素的值。

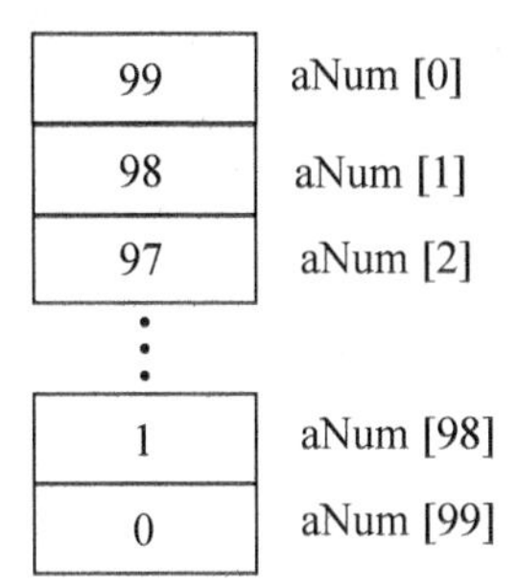

图 8.7　给 100 元数组赋值

课堂练习 3： 定义一个一维 50 元数组，如图 8.8 所示给数组赋值，输出显示各元素的值。

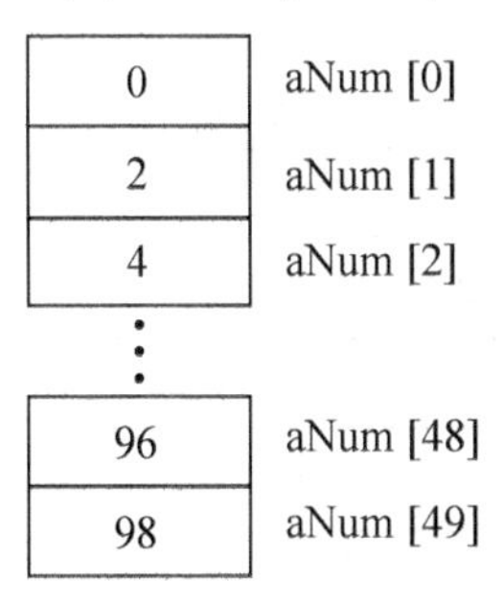

图 8.8　给 50 元数组赋值

课堂练习 4： 输入 5 个整数到数组中，输出每一个数的相反数。

课堂练习 5： 输入 8 个数，逆序输出这 8 个数。

如输入 2　5　6　7　1　2　4　9

则输出 9　4　2　1　7　6　5　2

8.3　二维数组

二维数组是内存中连续存放的多串(每串长度相等)同类型数据。二维数组可以想象为一个多行多列的表格，每行为一串数据，每行是一个一维数组。

1. 二维数组的定义

定义二维数组的一般形式为：

数据类型　数组名 [行数] [列数]；

二维数组定义后，计算机会自动给每行、每列编号，编号从 0 开始，如图 8.9 所示。

	第0列	第1列	第2列	第3列
第0行				
第1行				
第2行				

图 8.9　二维数组的行与列

二维数组中的每个元素被计算机自动命名，命名方式为“数组名[行号][列号]”。

【例 8.8】分析语句 unsigned char aT[3][4];的执行结果。

语句定义了一个 3 行 4 列的表格，计算机给表格中每个元素的命名情况如图 8.10 所示。

二维数组相当于一个多行多列的表格，这个表格在内存中是如何存放的呢？答案：按行存储。

图 8.10 中的表格在内存中的存储情况如图 8.11 所示。

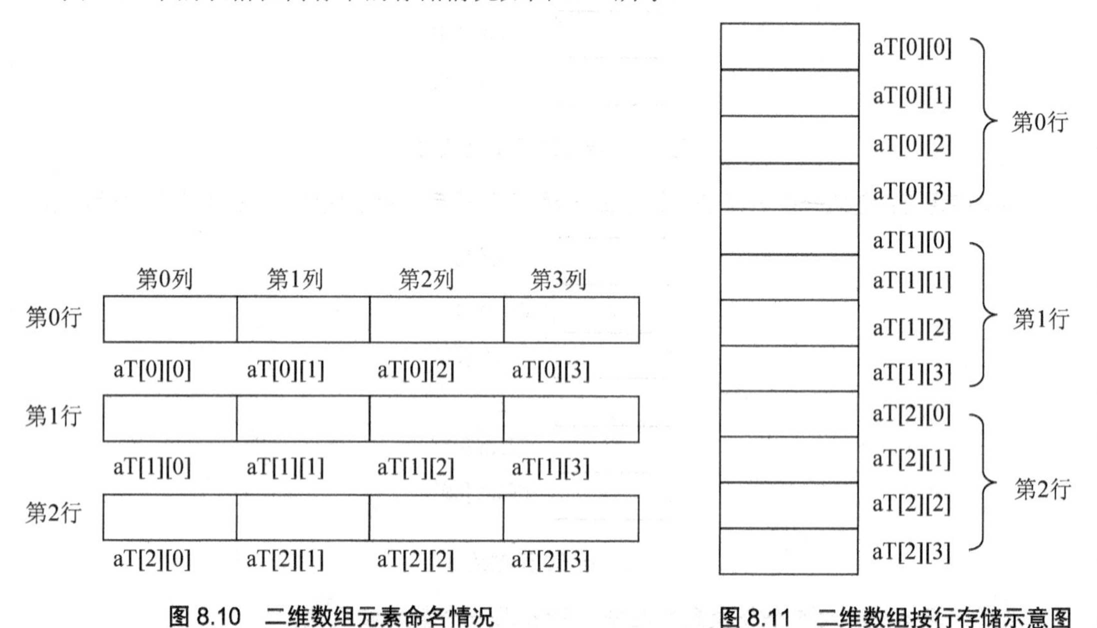

图 8.10 二维数组元素命名情况　　图 8.11 二维数组按行存储示意图

【例 8.9】分析语句 unsigned char aNum[4][2];的执行结果。

语句定义了一个 4 行 2 列的表格 aNum。数组中，行的编号为 0～3，列的编号为 0、1。数组在内存中的存储情况如图 8.12 所示。

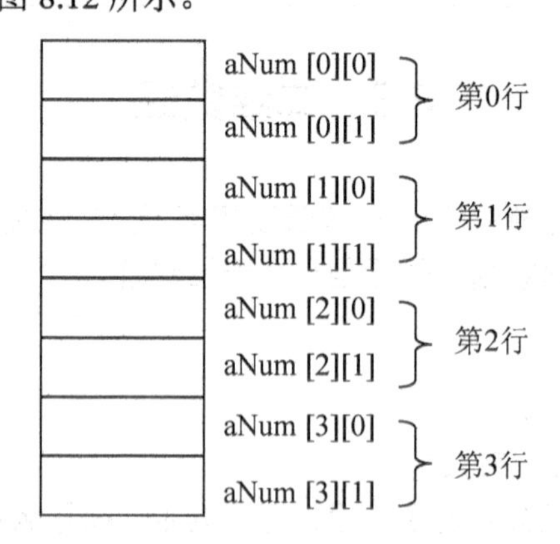

图 8.12 4 行 2 列的二维数组存储示意图

2. 二维数组的存取

给二维数组赋值数据有两种方法：一种是定义数组时赋值，另一种是定义数组后赋值。

1) 定义数组时赋值

在定义数组时，给数组赋值，如图 8.13 所示。

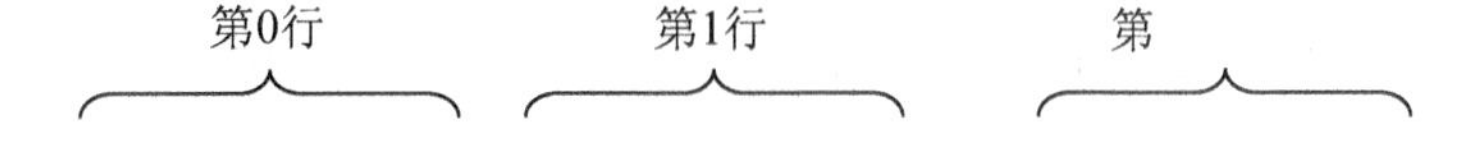

类型　数组名[行数][列数] = {{数据0,数据1,…},{数据0,数据1,…},…,{数据0,数据1,…}};

图 8.13　二维数组初始化的一般形式

2) 定义数组后赋值

在定义二维数组之后，给数组中某个元素赋值，一般形式为：

数组名[行号][列号] = 数据值;

【例 8.10】分析语句 unsigned char aTable[3][2] = {{50, 60}, {78,90}, {20,33}};的执行结果。

语句初始化了一个 3 行 2 列的表格 aTable。数组中，行的编号为 0～2，列的编号为 0、1。数组在内存中的存储情况如图 8.14 所示。

当二维数组中所有元素被初始化赋值时，初始化语句中的行数可省略，语句 unsigned char aTable[3][2] = {{50, 60}, {78,90}, {20,33}};也可写为 unsigned char aTable[ ][2] = {{50, 60}, {78,90}, {20,33}};。

若二维数组在定义时赋值不完全，则未赋值的元素被计算机自动赋值为 0。

【例 8.11】语句 unsigned char aTable[ ][2] = {{50}, {78,90}, {20}};执行后，内存中的情况如图 8.15 所示。

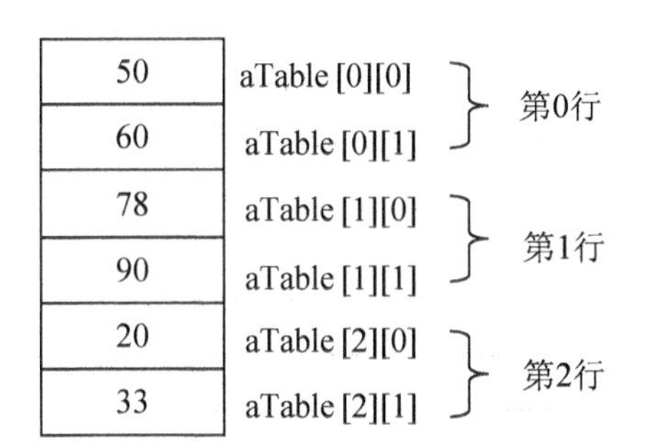

图 8.14　被完全初始化的二维数组

值	元素	行
50	aTable [0][0]	第0行
0	aTable [0][1]	
78	aTable [1][0]	第1行
90	aTable [1][1]	
20	aTable [2][0]	第2行
0	aTable [2][1]	

图 8.15　未被完全初始化的二维数组

在二维数组定义之后，再单独给数组中的某个元素赋值，则必须指定要赋值元素的行号和列号。

【例 8.12】语句 unsigned char aT[3][4];执行后，若要给数组第 0 行赋值为 4 个 10，第 1 行赋值为 4 个 15，第 2 行赋值为 4 个 20，可用以下语句实现：

```
aT[0][0] = 10;
aT[0][1] = 10;
aT[0][2] = 10;
aT[0][3] = 10;
aT[1][0] = 15;
aT[1][1] = 15;
aT[1][2] = 15;
aT[1][3] = 15;
aT[2][0] = 20;
aT[2][1] = 20;
aT[2][2] = 20;
aT[2][3] = 20;
```

当二维数组中的数据有规律可循时，可采用循环嵌套的方式给数组赋值，以上语句可写为：

```
for (i = 0; i < 3; i++)
{
    for (j = 0; j < 2; j++)
    {
        aT[i][j] = 5 * i + 10;
    }
}
```

课堂练习 6：按照表 8-4 给二维数组赋值并输出显示各元素的值，每行显示 5 个数给二维数组赋值。

表 8-4 给二维数组赋值

0	0	0	0	0
1	1	1	1	1
2	2	2	2	2
3	3	3	3	3
4	4	4	4	4
5	5	5	5	5
6	6	6	6	6
7	7	7	7	7

课堂练习 7：按照表 8-5 二维数组赋值并输出显示各元素的值，每行显示 5 个数表 8-5 给二维数组赋值。

表 8-5 给二维数组赋值

0	1	2	3	4
10	11	12	13	14
20	21	22	23	24
30	31	32	33	34
40	41	42	43	44
50	51	52	53	54
60	61	62	63	64
70	71	72	73	74

8.4 字符数组

字符数组也称为字符串，由 char 类型数据(即字符)组成。字符数组命名以 s 或 sz 为前缀。

1. 字符数组定义与初始化

一维字符数组的定义形式为：

char 数组名[字符个数];

二维字符数组的定义形式为：

char 数组名[行数][列数];

字符数组的初始化有两种形式：

1) 分别给出字符数组中各个元素的值

【例 8.13】char s[10] = {'c', ' ', 'p', 'r', 'o', 'g', 'r', 'a', 'm'};

语句指定了数组包含 10 个元素，但只对 9 个元素赋了值。未赋值的元素自动装入 ASCII 码为 0 的字符，即字符'\0'(数据 0)。

语句执行后，数组 s 中各元素中的字符如图 8.16 所示。

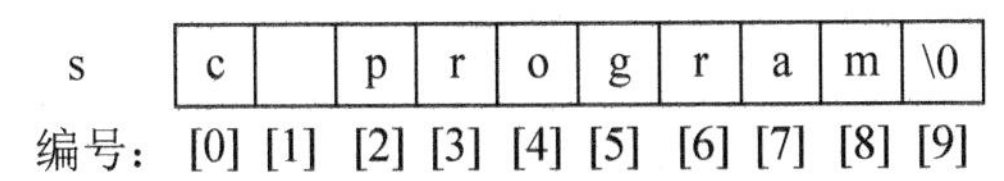

图 8.16 字符数组初始化

字符在计算机内，本质上都是数，图 8.16 中的字符数组各元素的值如图 8.17 所示。

s	99	32	112	114	111	103	114	97	109	0
编号：	[0]	[1]	[2]	[3]	[4]	[5]	[6]	[7]	[8]	[9]

图 8.17 字符数组内的数据

对字符数组各元素赋值时，也可省略数组长度说明。

【例 8.14】char s[ ] = {'c', ' ', 'p', 'r', 'o', 'g', 'r', 'a', 'm'};

一维字符数组省略数组长度说明时，计算机自动根据赋值的元素个数给定数组的长度。语句执行后，数组 s 的长度为 9，如图 8.18 所示。

s	c		p	r	o	g	r	a	m
编号：	[0]	[1]	[2]	[3]	[4]	[5]	[6]	[7]	[8]

图 8.18 省略长度说明的字符数组初始化

2) 对字符数组整串赋值

【例 8.15】char s[10] = {"c program"};

此语句也可写为 char s[10] = "c program";，语句执行效果与【例 8.13】相同，数组长度为 10，最后一个元素被赋值为'\0'。

对字符数组整串赋值时，若省略数组长度说明，则计算机会自动在字符串末尾添加字符'\0'。

【例 8.16】char s[ ] = "c program";

语句执行效果与【例 8.13】和【例 8.15】相同，数组长度为 10。

2. 字符数组的输入输出

对字符数组进行整串的输入输出操作，可调用 stdio.h 中的 scanf 和 printf 函数实现，格式符采用"%s"；也可调用 gets 和 puts 函数实现。

输入字符串之前，先定义字符数组。定义数组时，必须指明数组长度。输入时，输入的字符个数不应超过数组长度值。

【例 8.17】输入一个字符串，显示该字符串的长度。

```
# include "stdio.h"
int main (void)
{
    char s[20];
```

```
    short nx, nLength = 0;
    gets (s);
    for (nx = 0; s[nx] != '\0'; nx++)
    {
       nLength ++;
    }
    printf ("nLength = %d\n", nLength);
    return 0;
}
```

运行结果：

```
This is a sentence
nLength = 18
请按任意键继续. . .
```

字符串的长度不一定等于字符数组的长度。计算机对字符串的读取总是以'\0'作为结束符。string.h 中的 strlen 可查看一个字符串的长度(不计'\0')。

【例 8.18】输出一个字符串。

```
# include "stdio.h"
# include "string.h"
int main (void)
{
    char s[30] = "Hello, this is an example! ";
    puts (s);  // 等价于printf ("%s", s);
    return 0;
}
```

运行结果：

```
Hello, this is an example!
请按任意键继续. . .
```

3. 字符串处理函数

C 语言提供的字符串处理函数除了 stdio.h 中的 gets(输入)和 puts(输出)，还有 string.h 中的 strlen(长度测试)、strcpy(复制)、strcat(连接)、strcmp(比较)。

1) 字符串长度测试函数 strlen

调用 strlen 函数的形式为：

```
strlen (字符串);
```

【例 8.19】测试字符串长度。

```
# include "stdio.h"
# include "string.h"
int main (void)
{
    char s[ ] = "It's a computer! ";
    printf ("字符串长度为：%d\n", strlen (s));
    return 0;
}
```

运行结果：

```
字符串长度为：16
请按任意键继续. . .
```

2) 字符串复制函数 strcpy

调用 strcpy 函数的形式为：

```
strcpy (str1, str2);
```

该函数把字符串 str2 的内容复制到字符串 str1 中，并覆盖字符串 str1 的内容。函数要求 str1 的空间不能小于 str2 的空间。

【例 8.20】字符串复制。

```
# include "stdio.h"
# include "string.h"
int main (void)
{
    char s1[ ] = "It's a computer! ";
    char s2[ ] = "It's a book! ";
    strcpy (s1, s2);
    puts (s1);
    return 0;
}
```

运行结果：

```
It's a book!
请按任意键继续. . .
```

3) 字符串连接函数 strcat

调用 strcat 函数的形式为：

```
strcat (str1, str2);
```

该函数把字符串 str2 的内容连接到字符串 str1 的末尾，从 str1 的'\0'开始覆盖。

【例 8.21】连接两个字符串。

```
# include "stdio.h"
# include "string.h"
int main (void)
{
    char s1[ ] = "C program ";
    char s2[ ] = "language";
    strcat (s1, s2);
    puts (s1);
    return 0;
}
```

运行结果：

```
C program language
请按任意键继续. . .
```

4) 字符串比较函数 strcmp

调用 strcmp 函数的形式为：

```
strcmp (str1, str2);
```

该函数对字符串 str1 和 str2 进行逐个字符的 ASCII 码值比较，直到发现不同的字符或到'\0'为止。若所有字符相同，则认为两个字符串相等，函数返回 0。若发现不相同的字符，则以第一个不相同字符的比较结果作为字符串的比较结果。若 str1 > str2，则函数返回 1，若 str1 < str2，则函数返回-1。

【例 8.22】比较两个字符串。

```
# include "stdio.h"
# include "string.h"
int main (void)
{
    char s1[ ] = "C program ";
    char s2[ ] = "language";
    printf ("%d\n", strcmp (s1, s2));
    return 0;
}
```

字符'C'的 ASCII 码小于字符'l'的 ASCII 码，运行结果：

```
-1
请按任意键继续. . .
```

8.5 指　　针

1. 指针与指针变量的基本概念

内存中的数据都存放在存储单元中，不同类型的数据占用的存储单元数量不同。char 和 unsigned char 类型的数据只占用一个存储单元；short 和 unsigned short 类型的数据占用两个存储单元；int、unsigned int、long、unsigned long 和 float 类型的数据占用 4 个存储单元(32 位机)；double 类型的数据占用 8 个存储单元。

内存中的存储单元都一样大小，每个单元可容纳一个 8 位二进制数。存储单元之间靠编号来区分，编号也称为地址。对于 char 和 unsigned char 类型的数据，由于只占一个存储单元，所以这两种类型的数据，只映射一个地址。而对于其他类型的数据，由于它们需要占用多个内存单元，因此每个数据会映射多个地址，如图 8.19 所示。

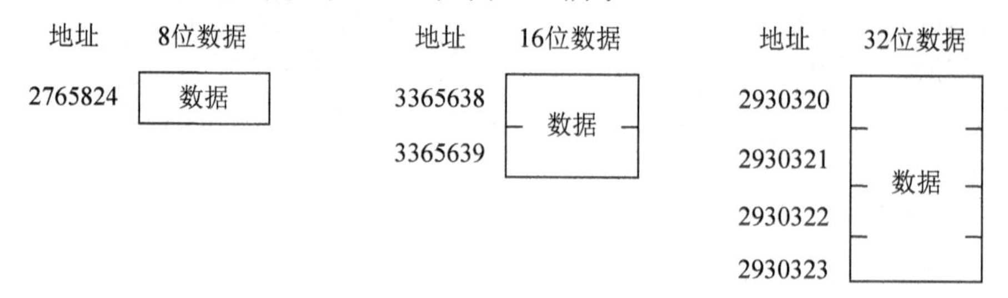

图 8.19　数据与地址的映射关系

对于映射多个地址的数据，最小的地址称为该数据的起始地址或首地址，图 8.20 中带★的地址是首地址。首地址称为指针，用于存放数据首地址的容器称为指针变量。在 16 位机上，指针变量始终占两个内存单元；在 32 位机上，指针变量始终占 4 个内存单元。

2. 指针变量的定义

定义一个指针变量的一般形式为：

首地址映射的数据类型　*指针变量名；

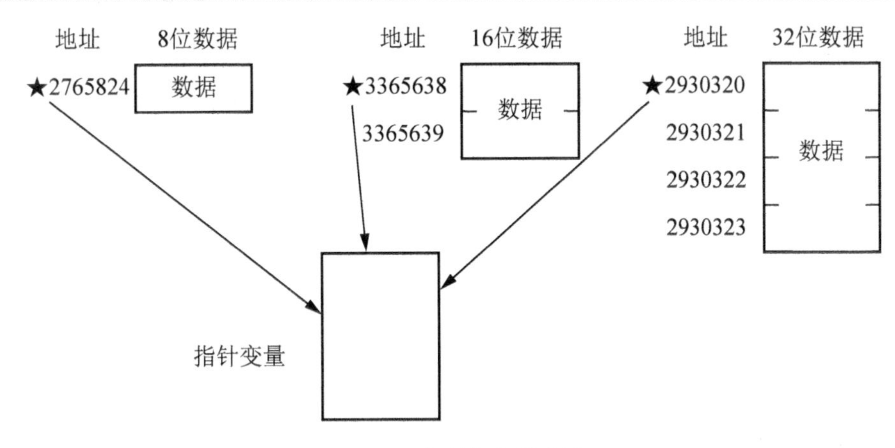

图 8.20 指针与指针变量

指针变量命名一般遵循匈牙利命名法，见表 8-6。

表 8-6 匈牙利命名法(五)

类　型	前　缀	举　例
指针变量(pointer)	p	int *pNum;

指针变量专用于存放其他数据的首地址，这个首地址对应的是哪种类型的数据，数据的类型就是指针变量的类型。

例如，语句 char *pNum;定义了一个指针变量 pNum，它只能用于存放 char 类型数据的首地址。

例如，语句 int *pTemp;定义了一个指针变量 pTemp，它只能用于存放 int 类型数据的首地址。

3. 指针变量的赋值

给指针变量赋值，只能将某个数据的首地址赋值给它。可用取址符“&”获取某个数据的首地址。赋值的方法有两种：

1) 初始化赋值

在定义一个指针变量时为它赋值，形式为：

首地址映射的数据类型　*指针变量名 = & 数据名;

等号右侧的数据名，可以是变量的名称，也可以是数组的名称。若是一维数组名，则必须省略取址符，因为一维数组名本身就是首地址。若是二维数组名，则既要省略取址符，还要精确到二维数组的某一行。

【例 8.23】指针变量初始化赋值。

```
char cNum = 5, *pNum = &cNum; // 将变量的首地址赋值给指针变量
short aTable[5] = {1,2,3,4,5};
short *pTable = aTable; // 将一维数组的首地址(数据 1 的首地址)赋值给指针变量
int aSum[3][2] = {{1,2},{3,4},{5,6}};
short *pSum = aSum[2]; // 将二维数组第 2 行的首地址(数据 5 的首地址)赋值给指针变量
```

2) 单独赋值

在已经定义了指针变量之后，再给指针变量赋值，形式为：

指针变量名 = & 数据名;

取址符的使用与初始化赋值的要求相同。需要注意的是，指针变量单独赋值时，指针变量名左侧没有“*”。

【例 8.24】修改【例 8.23】的语句，给指针变量单独赋值。

```
char cNum = 5, *pNum; // *pNum 只定义，未赋值
pNum = &cNum;          // 将变量的首地址赋值给*pNum
short aTable[5] = {1,2,3,4,5}, *pTable;  // * pTable 只定义，未赋值
pTable = aTable;        // 将一维数组的首地址(数据 1 的首地址)赋值给 pTable
int aSum[3][2] = {{1,2},{3,4},{5,6}}, *pSum;  // *pSum 只定义，未赋值
pSum = aSum[2];         // 将二维数组第 2 行的首地址(数据 5 的首地址)赋值给 pSum
```

【例 8.25】查看变量在内存中的首地址。

```
# include "stdio.h"
int main (void)
{
    int ix = 5, *p = &ix;         // 变量 ix 的首地址赋值给指针变量 p
    printf ("%d", p);             // 显示指针变量中存放的首地址
    return 0;
}
```

此程序也可不使用指针变量，用取址符获取首地址后直接输出，程序如下：

```
# include "stdio.h"
int main (void)
{
    int ix = 5;
    printf ("%d", &ix);           // 获取变量 ix 的首地址后将其输出
    return 0;
}
```

4. 通过指针变量访问数据

指针变量被赋值之后，可通过指针变量来间接读取内存中的数据，此时需要用到间接访存运算符“*”。

注意，在涉及指针变量时，符号“*”只在两种情况下使用：一是定义指针变量时，二是通过指针变量访问内存时。

【例 8.26】通过指针变量读取它所指向变量的值。

```
# include "stdio.h"
int main (void)
{
    int ix = 5, *p = &ix;
    printf ("%d", *p);  // 显示以 p 中内容为首地址的数据，与 printf ("%d", ix);等效
    return 0;
}
```

若指针变量中存放的是一维数组元素的首地址，还可通过对指针变量内容的增减来访问一维数组数据。

【例 8.27】通过指针变量访问一维数组。

```
# include "stdio.h"
int main (void)
{
    int aNum[5] = {2,4,6,8,10}, *pNum = aNum;  /* pNum 中存放一维数组 aNum 的
                                                 首地址，即数据 2 的首地址 */
    printf ("%d\n", *pNum);         // 显示 aNum[0]的值
    printf ("%d\n", *(pNum + 1));  // 显示 aNum[1]的值
    printf ("%d\n", *(pNum + 2));  // 显示 aNum[2]的值
    printf ("%d\n", *(pNum + 3));  // 显示 aNum[3]的值
    printf ("%d\n", *(pNum + 4));  // 显示 aNum[4]的值
    return 0;
}
```

运行结果为：

```
2
4
6
8
10
请按任意键继续. . .
```

指针变量中存放一维数组元素的首地址时，对指针变量内容做增减，是以数据类型对应的长度为基本单位量。如上述程序中的“*(pNum + 1)”语句，将 pNum 的内容加 1 个单位，因 int 类型占 4 个单元，所以实际是对 pNum 的内容加 4，指向了数组中下一个数据。

若指针变量中存放的是二维数组某行的首地址，可通过对指针变量内容的增减来访问二维数组数据。

【例 8.28】通过指针变量访问二维数组。

```
# include "stdio.h"
int main (void)
{
    int aNum[3][2] = {{2,4},{6,8},{10,12}}, *pNum = aNum[0];  /* pNum 中存放
二维数组 aNum 第 0 行的首地址，即数据 2 的首地址 */
    printf ("%d\n", *pNum);         // 显示 aNum[0][0]的值
    printf ("%d\n", *(pNum + 1));  // 显示 aNum[0][1]的值
    printf ("%d\n", *(pNum + 2));  // 显示 aNum[1][0]的值
    printf ("%d\n", *(pNum + 3));  // 显示 aNum[1][1]的值
    printf ("%d\n", *(pNum + 4));  // 显示 aNum[2][0]的值
    return 0;
}
```

运行结果为：

```
2
4
6
8
10
请按任意键继续. . .
```

8.6 实作：打地鼠游戏

1. 任务描述

编写打地鼠游戏，用户使用小键盘的0～9数字键进行游戏。功能需求：

(1) 游戏窗口背景色为黑色，前景色为亮蓝色。

(2) 有开始和结束页面。

(3) 游戏过程在9格中的随机一格出现地鼠(用符号@表示地鼠)，等待数字键按下。

(4) 若按下了位置正确的数字键，则重新随机出现地鼠。

(5) 若按下错误的数字键，则游戏结束，显示“Game Over!”。

2. 功能实现

(1) 游戏窗口背景色为黑色，前景色为亮蓝色。

对控制台窗口颜色的控制由windows.h中的system函数实现(函数讲解见5.7节)，语句为：

```
system ("mode con: cols=35 lines=14");     // 窗口大小设置
system ("color 0b");                       // 窗口颜色设置
```

(2) 开始和结束页面。

① 开始页面，居中显示游戏名称和操作方法，提示按任意键开始游戏，程序段为：

```
printf ("\n\n\n");
printf ("            打地鼠游戏\n\n");
printf ("          按数字键盘玩游戏\n");
printf ("              7 8 9\n");
printf ("              4 5 6\n");
printf ("              1 2 3\n\n");
printf ("            按任意键开始\n");
getch ( );
system ("cls");
```

② 结束页面，清除窗口文字，居中显示“Game Over!”，语句为：

```
system ("cls");
printf ("\n\n\n\n\n             Game Over\n\n\n\n\n\n");
```

(3) 在9格中的随机一格出现地鼠，等待数字键按下。

9格可用二维数组表示，该二维数组有3行3列。由于任意时刻仅出现一个地鼠，因此可将二维数组元素全部赋值为空格字符，再给随机一个元素赋值字符‘@’，显示游戏页面，等待数字键按下。程序段为：

```
int x, y, tx, ty;
char cKey, aMap[3][3];
......
srand ((unsigned) time(&t));  // 随机数序列初始化
......
/* 数组元素全部赋值为空格字符 */
for(x = 0; x<3;x++)
   {
```

```
    for(y = 0; y<3;y++)
    {
        aMap[x][y] = ' ';
    }
}
tx = rand ( ) % (2 - 0 + 1) +0;     // 地鼠出现位置的行号 tx
ty = rand ( ) % (2 - 0 + 1) +0;     // 地鼠出现位置的列号 ty
aMap[tx][ty] = '@';                 // 给随机一个元素赋值字符

/* 显示游戏页面 */
for(x = 0; x<3;x++)
{
    printf ("################################\n");
    printf ("#         #         #         #\n");
    for(y = 0; y<3;y++)
    {
        printf ("#    %c    ",aMap[x][y]);
    }
    printf ("#\n");
    printf ("#         #         #         #\n");
}
printf ("################################\n");
cKey = getch ( );                   // 输入的字符赋值给变量 cKey
```

(4) 数字键正误判断。

每个数字键对应二维数组中的一个元素坐标，可用 switch 结构来建立数字键与数组坐标的关系：

```
int testx, testy;
……
switch (cKey)
{
    case '1': testx = 2; testy = 0; break;
    case '2': testx = 2; testy = 1; break;
    case '3': testx = 2; testy = 2; break;
    case '4': testx = 1; testy = 0; break;
    case '5': testx = 1; testy = 1; break;
    case '6': testx = 1; testy = 2; break;
    case '7': testx = 0; testy = 0; break;
    case '8': testx = 0; testy = 1; break;
    case '9': testx = 0; testy = 2; break;
}
/* 按键正误判断 */
if(testx == tx && testy == ty)
{
    system ("cls");             // 按键正确，则清屏，重新出现地鼠
}
else
{
    break;                      // 按键错误，则结束游戏过程
}
```

3. 程序整合

将上一小节各个模块程序段整合为一个完整程序，如下：

```
# include "stdio.h"
# include "conio.h"
# include "windows.h"
# include "time.h"
int main (void)
{
   char a;
   char aMap[3][3];
   int x,y,tx,ty,testx,testy;
   time_t t;                                    // 定义 time_t 结构体变量
   srand ((unsigned) time(&t));                 // 随机数序列初始化
   system ("mode con: cols=35 lines=14"); // 窗口大小设置
   system ("color 0b");                         // 窗口颜色设置

   /* 开始页面 */
   printf ("\n\n\n");
   printf ("          打地鼠游戏\n\n");
   printf ("        按数字键盘玩游戏\n");
   printf ("             7 8 9\n");
   printf ("             4 5 6\n");
   printf ("             1 2 3\n\n");
   printf ("         按任意键开始\n");
   getch ( );
   system ("cls");

   /* 游戏过程 */
   while(1)
   {
       for(x = 0; x<3;x++)
       {
           for(y = 0; y<3;y++)
           {
               aMap[x][y] = ' ';
           }
       }
       tx = rand ( ) % (2 - 0 + 1) +0;      // 地鼠出现位置的行号 tx
       ty = rand ( ) % (2 - 0 + 1) +0;      // 地鼠出现位置的列号 ty
       aMap[tx][ty] = '@';                  // 给随机一个元素赋值字符


       /* 显示游戏页面 */
       for(x = 0; x<3;x++)
       {
           printf ("#################################\n");
           printf ("#          #          #          #\n");
           for(y = 0; y<3;y++)
           {
               printf ("#    %c    ",aMap[x][y]);
           }
```

```
            printf ("#\n");
            printf ("#          #          #          #\n");
        }
        printf ("##################################\n");
        cKey = getch ( );   // 输入的字符赋值给变量 cKey

        /* 关系映射 */
        switch (cKey)
        {
            case '1': testx = 2; testy = 0; break;
            case '2': testx = 2; testy = 1; break;
            case '3': testx = 2; testy = 2; break;
            case '4': testx = 1; testy = 0; break;
            case '5': testx = 1; testy = 1; break;
            case '6': testx = 1; testy = 2; break;
            case '7': testx = 0; testy = 0; break;
            case '8': testx = 0; testy = 1; break;
            case '9': testx = 0; testy = 2; break;
        }

        /* 按键正误判断 */
        if(testx == tx && testy == ty)
        {
            system("cls");        // 按键正确，则清屏，重新出现地鼠
        }
        else
        {
            break;                // 按键错误，则结束游戏过程
        }
    }
    system ("cls");
    printf("\n\n\n\n\n          Game Over\n\n\n\n\n\n");
    return 0;
}
```

4. 运行程序

运行程序，会显示游戏开始页面，如图 8.21 所示。

按任意键后开始游戏，游戏页面如图 8.22 所示。

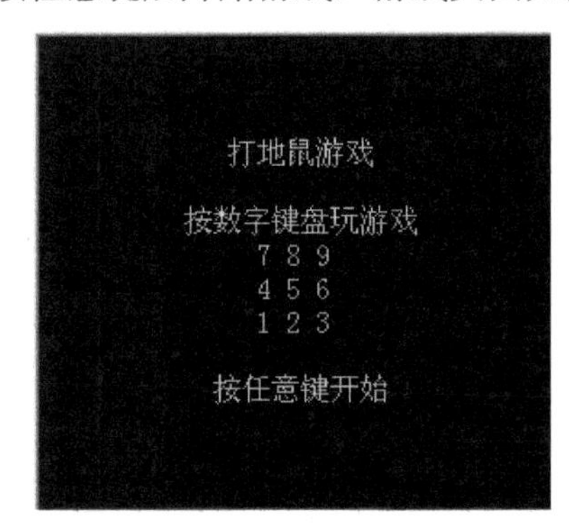

图 8.21　开始页面

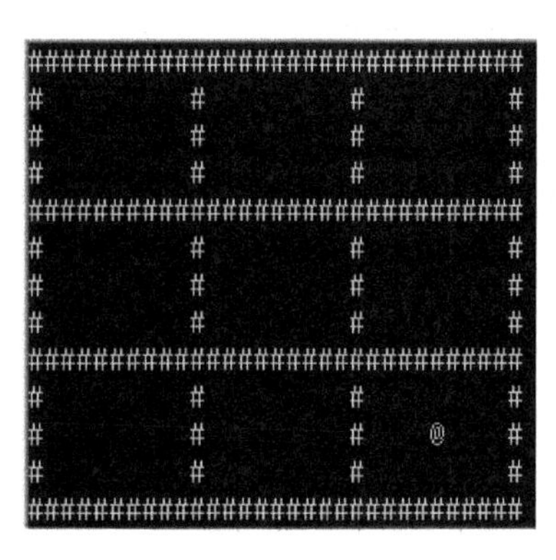

图 8.22　游戏页面

若按键正确，则反复出现地鼠；若不正确，则游戏结束，显示如图 8.23 所示的结束页面。

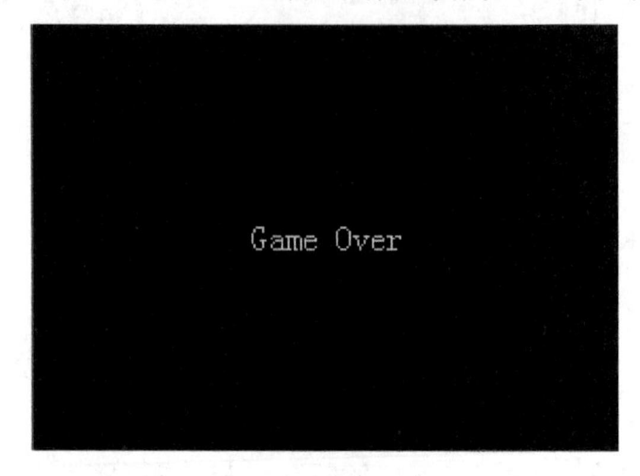

图 8.23　结束页面

8.7　习　　题

第 1 题：已有语句“int a[10];”，则对数组 a 的元素引用正确的是(　　)。

A．a[10]　　B．a[3.5]　　C．a(5)　　D．a[10-10]

第 2 题：已有语句“int a[3][4];”，则对数组 a 的元素引用不正确的是(　　)。

A．a[0][2*1]　　B．a[1][3]　　C．a[4-2][0]　　D．a[0][4]

第 3 题：以下定义二维整型数组正确的是(　　)。

A．int b[3][];　　B．float b(3,4);　　C．double b[1][4];　　D．float b(3)(4);

第 4 题：已有语句“int p;”和“int a[3][3]={1,2,3,4,5,6,7,8,9};”，下面语句的输出结果是(　　)。

```
for (p = 0; p < 3; p ++)
printf ("%d", a[p][2 - p]);
```

A．3 5 7　　B．3 6 9　　C．1 5 9　　D．1 4 7

第 5 题：对于变量的指针，其含义是指该变量的(　　)。

A．值　　B．地址　　C．名　　D．一个标志

第 6 题：对语句“int a[10]={1,2,3,4};”的正确理解是(　　)。

A．将 4 个值依次赋给 a[1]至 a[4]

B．将 4 个值依次赋给 a[0]至 a[3]

C．将 4 个值依次赋给 a[7]至 a[10]

D．因数组长度与初值的个数不同，所以此语句不正确

第 7 题：以下程序的输出结果是(　　)。

```
int main (void)
{
   int b[ ]={1, 2, 3, 4, 5, 6},*p;
   p = b;
   *(p + 3) += 2;
   printf ("%d, %d\n", *p, *(p + 3));
}
```

A．0,5　　B．1,5　　C．0,6　　D．1,6

第 8 题：以下程序要找出数组 a 中的最大值和该值在数组中的编号，将程序补充完整。

```
# include "stdio.h"
int main (void)
{
   int a[10], *p1, *p2, k;
   for (k = 0; k < 10; k++)
   {
      scanf("%d", a + k);
   }
   for (p1 = a, p2 = a; p1 - a < 10; p1++)
   {
      if (*p1 < *p2)
      {
         p2 = ________________;
      }
   }
   printf ("MAX = %d, NUM = %d\n", *p2, ______________);
   return 0;
}
```

第 9 题：编程，分别输出以下各个数列的前 30 个数。

(1) 1，4，7，10，13，16，19，…

(2) 2，5，8，11，14，17，20，…

(3) 1，5，9，13，17，21，25，…

(4) 1，1，2，2，3，3，4，4，…

(5) 1，1，2，3，5，8，13，21，…

(6) 0，15，1，16，2，17，3，18，…

第 10 题：输入 10 个整数，输出其中的最大值。

第 11 题：任意输入 10 个数，统计其中有多少个正数，多少个负数，多少个零。

第 12 题：设数组 a 中的元素均为正数，编程求 a 中偶数的个数，以及这些偶数的平均值。

第 13 题：有一个已经排好序的数组，针对以下 3 种情况运行程序，输入一个数据，将它按顺序插入数组中。

(1) 输入的数据插在数组最前面。

(2) 输入的数据插在数组最后面。

(3) 输入的数据插在数组中间。

第 14 题：编程，输出显示以下数阵。

```
0    0    0    0    0    0
0    1    2    3    4    5
0    2    4    6    8    10
0    3    6    9    12   15
0    4    8    12   16   20
0    5    10   15   20   25
```

第 15 题：输出显示以下各个 20 行×20 列的星号阵列。

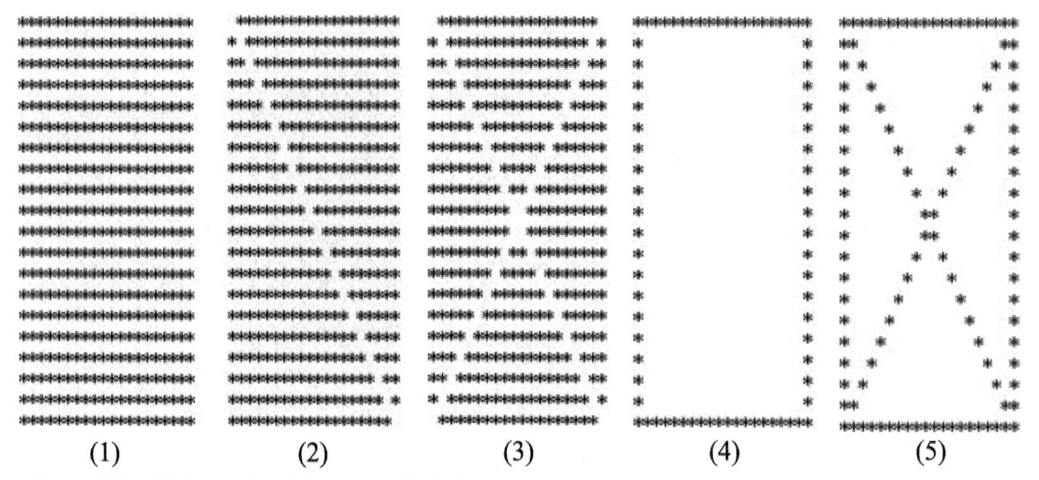

(1)　　(2)　　(3)　　(4)　　(5)

第 16 题：编程，输出显示以下数阵的前 10 行。

1
1　1
1　2　1
1　3　3　1
1　4　6　4　1
1　5　10　10　5　1
……　……　……

第 17 题：任意输入 9 个整数，将这 9 个数按行构成一个 3 阶方阵，输出显示该方阵和它的转置矩阵。例如，输入 1　2　3　4　5　6　7　8　9。

输出矩阵：

1　2　3
4　5　6
7　8　9

转置矩阵：

1　4　7
2　5　8
3　6　9

第9章 灯光控制基础项目

教学目标

通过本章的学习，使学生掌握LED编程控制方法，按照模块开发流程完成开发任务。

教学要求

知识要点	能力要求	关联知识
软硬件平台	掌握智能车软硬件平台的使用方法	智能车硬件组成 WinAVR 软件安装、配置与使用 FLASH 程序使用方法
LED 控制	掌握 LED 控制函数的使用方法	后灯控制函数 状态灯控制函数 前灯控制函数
处理器延时控制	掌握延时控制函数的参数计算方法	处理器延时控制函数
模块设计	(1) 完成模块设计 (2) 掌握模块设计说明文档的书写规范 (3) 完成《模块设计说明书》	模块设计说明文档规范 各模块流程设计
LED 硬件测试	(1) 掌握 LED 编程测试方法 (2) 掌握状态灯故障排除方法 (3) 填写《硬件测试记录》	测试用例设计 测试分析与故障排除
程序设计	编程实现各模块功能	编程规范
模块功能测试	(1) 测试各模块功能是否符合任务规定 (2) 掌握模块测试说明文档的书写规范 (3) 完成《测试报告》	模块测试说明文档规范 各模块功能测试

重点难点

✧ LED的软硬件协同故障测试

✧ 处理器延时控制方法

✧ 模块开发流程

9.1 基础项目教学概述

本阶段是课程实训教学的切入点，一方面要继续培养学生将程序设计基础知识用于解决实际问题的能力，另一方面要让学生建立起模块开发的基本思路和方法。本阶段以5个基础项目教学来巩固上一阶段的知识，并学习更多的编程知识和技巧。这些基础项目是后续应用项目开发的基础。

本阶段将模拟软件模块开发的工作流程，学生以团队为单位进行项目开发，以此锻炼学生的合作精神，促进学生之间的学习交流。

9.2 项目团队

每个学生团队由模块设计员、程序员和测试员组成。

成员职责如下：

(1) 模块设计员根据《任务书》中的模块功能规定对模块进行详细设计，撰写《模块设计说明书》(初稿)，经管理员(教师)审核通过后，撰写《模块设计说明书》(终稿)。

(2) 程序员按照《模块设计说明书》中的流程进行程序设计，实现各模块功能并完成基本的自测。程序设计过程中，有疑问应主动向教师咨询或与其他程序员探讨。程序文档应严格按照编程规范书写。本职工作完成后可协助测试员完成测试工作。

(3) 测试员一方面要对小车硬件进行测试，检测小车硬件是否能正常工作，填写《硬件测试记录》；另一方面对模块功能进行测试，检测模块功能是否符合任务规定，撰写《测试报告》，并与程序员一起排除故障。

团队中的不同角色需要具备不同的能力。学生本身的性格和能力资质十分重要，在本阶段教学开始之前，应当对学生的性格和能力进行测试。测试的目的在于发现每一个学生适合承担团队中的哪一项工作，在进行团队角色划分时，尽量扬其长、避其短。性格能力测试同时也有利于学生认识自我，规划自己将来的学习方向、发展方向。

9.3 预备知识

1. 智能玩具车硬件组成简介

本课程实训教学采用的平台是由德国太空总署设计、由中山大谷电子科技有限公司提供的ASURO可编程智能车。ASURO智能车硬件组成如图9.1所示。

小车采用ATmega8作为微控制器。以两个伺服电机作为动力部分带动后轮转动，由半个乒乓球来充当前轮。

小车上总共有6个LED：前灯、状态灯、两个红外LED(测程器)、两个后灯。状态灯可以显示红色、绿色和黄色，其余可见光LED只能显示红色。

车前端有6个触碰传感器K1～K6，可实现对前方障碍物的感知。

车前端底部有两个光感器，可实现对外界光线强度和地面颜色的感知。

红外 LED 和测程光感器组成测程器。红外 LED 发出的光经齿轮内侧的黑、白扇形分块反射后被测程光感器接收，可实现对车轮转速的感知。

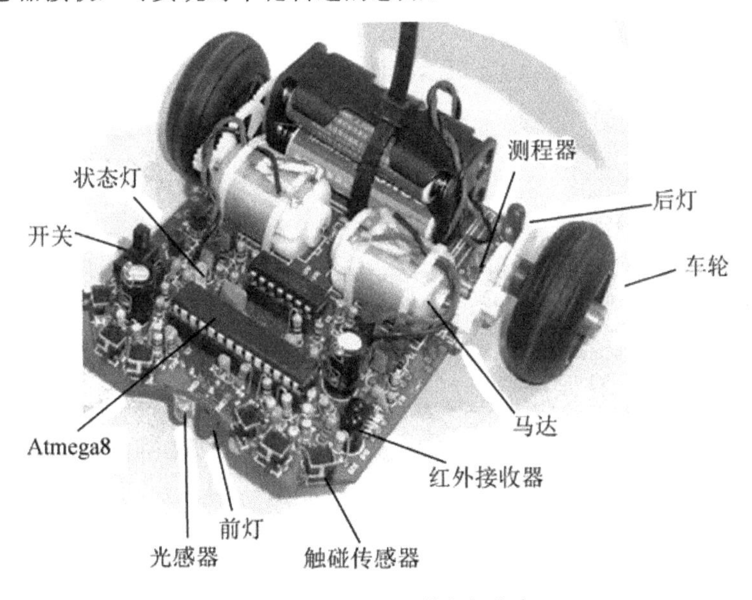

图 9.1　ASURO 可编程智能车

2. 软件安装与使用

智能车编程用的是 WinAVR 软件。本小节介绍 WinAVR-20070525(WinAVR 的其他版本也可)的安装、配置及使用步骤。

1) 软件环境安装

(1) 打开安装程序，出现语言选择页面，默认语言为简体中文，如图 9.2 所示，单击 OK 按钮。

图 9.2　WinAVR 安装语言选择

(2) 出现如图 9.3 所示的安装向导页面，单击【下一步】按钮。

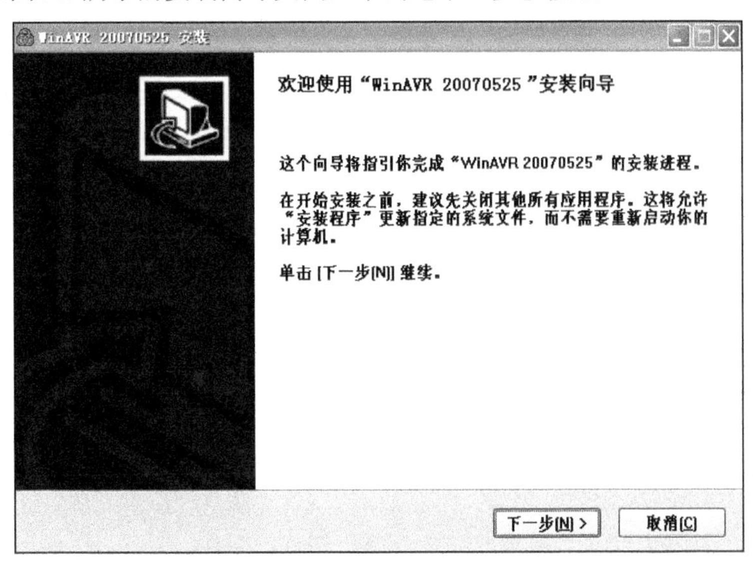

图 9.3　安装向导

(3) 如图9.4所示，在许可证协议下方单击【我接受】按钮。

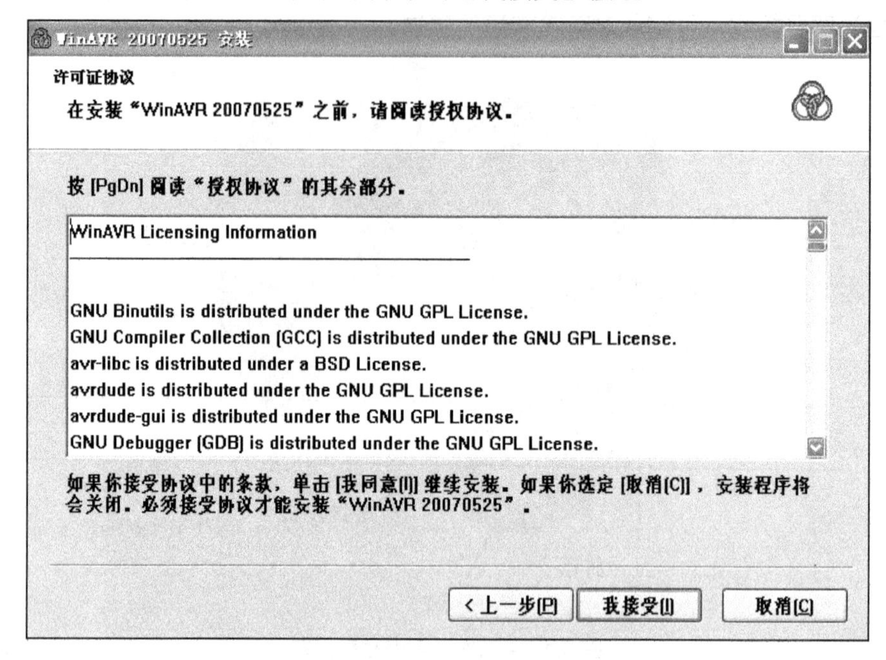

图9.4　安装许可

(4) 设置安装目录，如图9.5所示，单击【下一步】按钮。

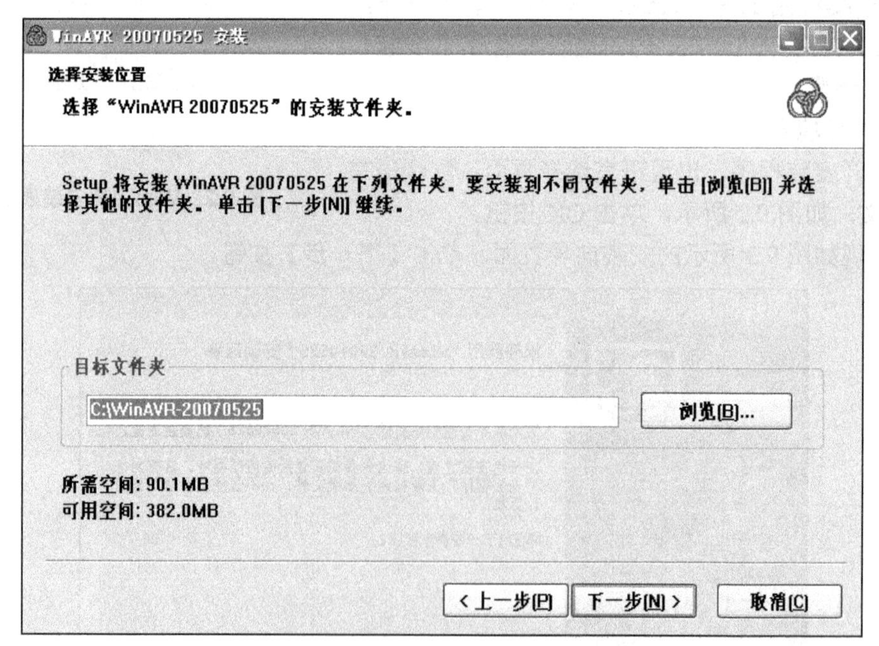

图9.5　设置安装目录

(5) 选择安装组件，如图9.6所示，单击【安装】按钮。

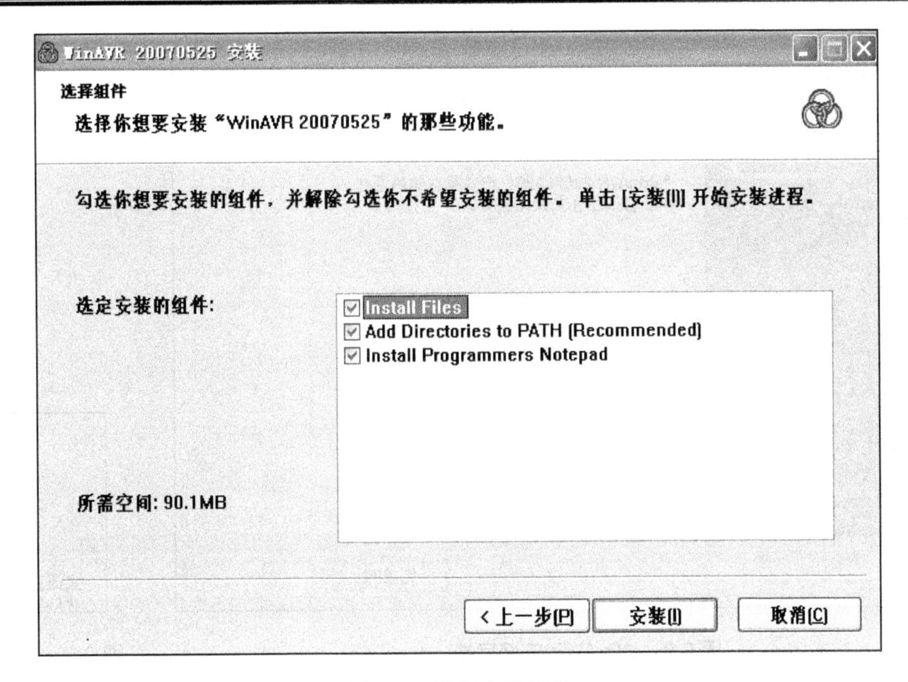

图 9.6　选择安装组件

(6) 进入安装过程，如图 9.7 所示。

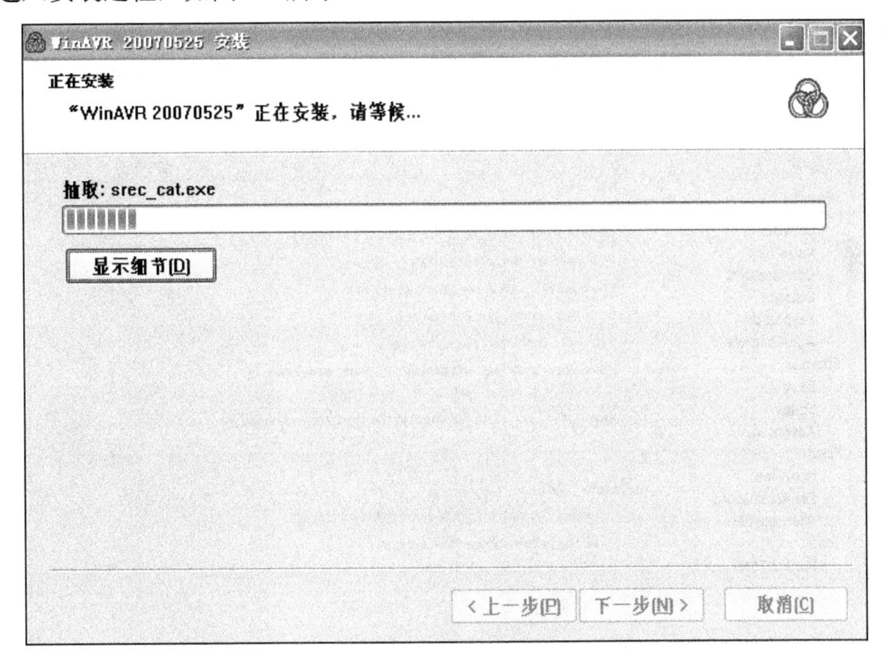

图 9.7　WinAVR 安装过程

(7) 安装完成，出现如图 9.8 所示的页面，单击【完成】按钮，结束安装。

(8) WinAVR 安装完成，再从 ASURO 光盘中拷贝一份 FLASH 程序到硬盘上，建议在桌面上创建一个到 FLASH 程序的快捷方式，如图 9.9 所示。

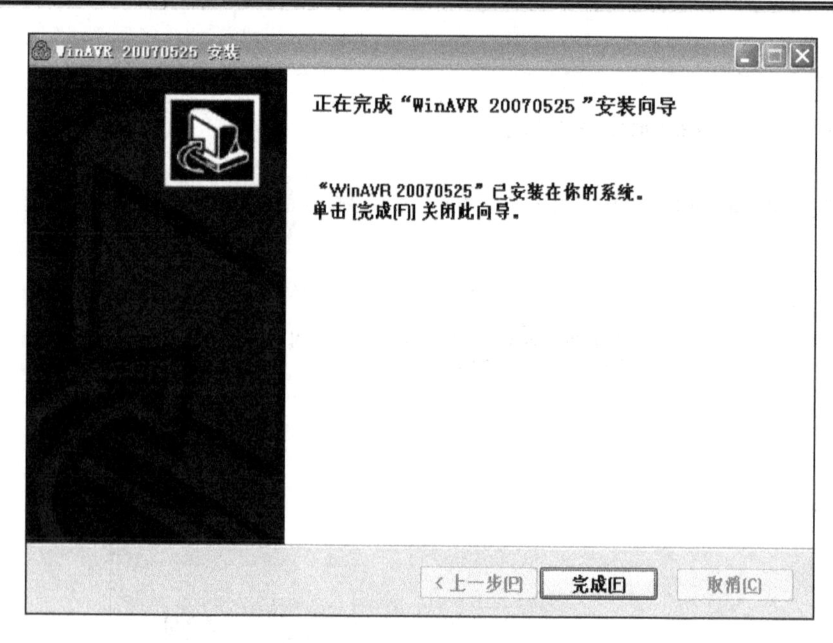

图 9.8　WinAVR 安装完成

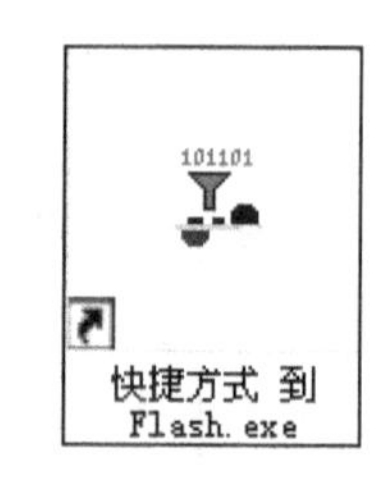

图 9.9　FLASH 程序

2) 软件环境配置

(1) 从 ASURO 光盘中复制文件夹"ASURO_src"到硬盘，把它放在一个文件夹中，如"C：\ASURO_src"。

(2) 所示的打开"Programers Notepad"程序，在 tools 主菜单中打开 options 菜单项，出现如图 9.10 所示的页面。

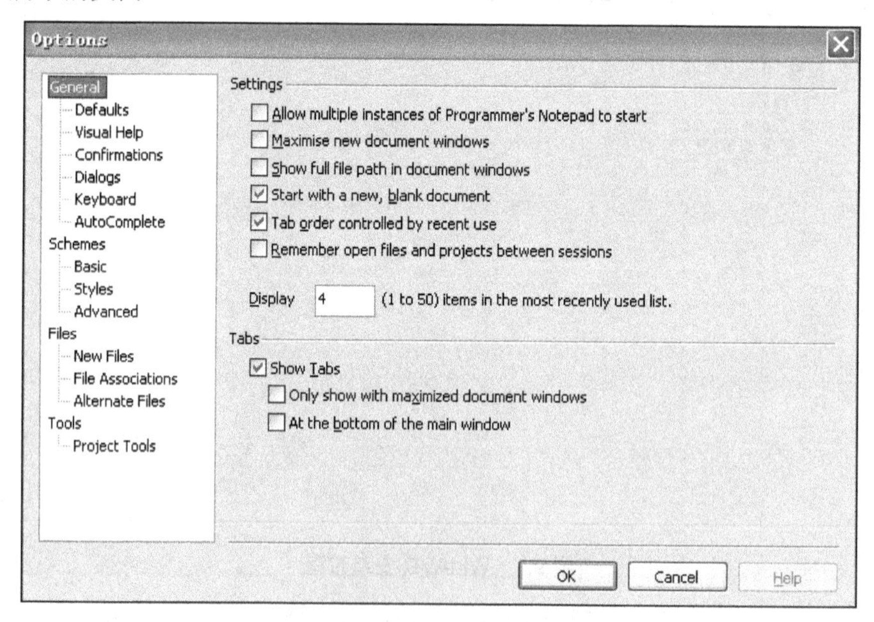

图 9.10　Options 窗口

(3) 打开窗口左下方的 Tools，从 Scheme 中选择 C/C++，再单击 Add 按钮，出现如图 9.11 所示的页面。按照图 9.11 填写各项。

(4) 单击【确定】按钮后，再按照此方法在 Add 中添加 clean 命令，如图 9.12 所示。

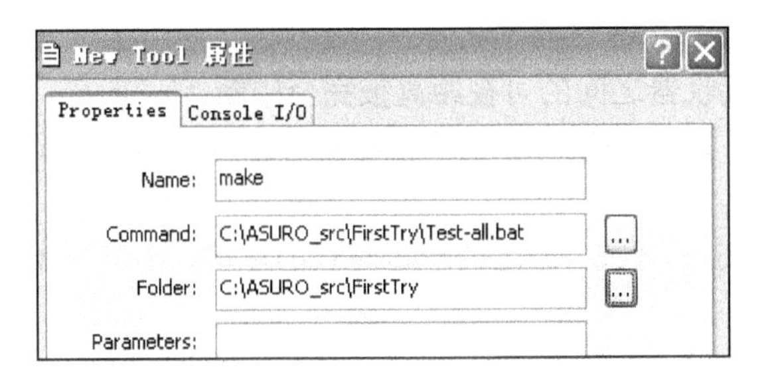

图 9.11　添加 make 命令

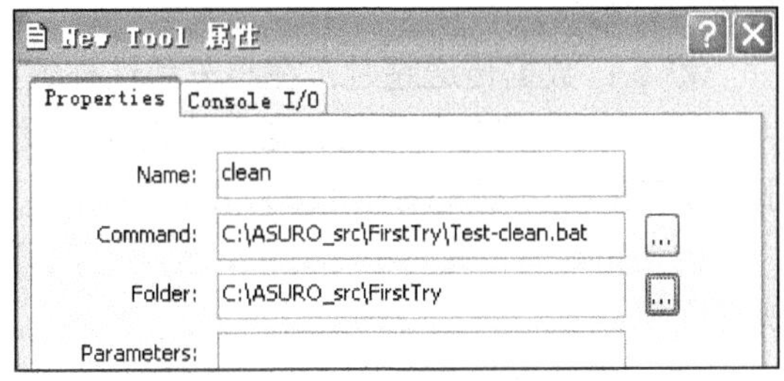

图 9.12　添加 clean 命令

(5) make 和 clean 命令添加完毕后，会见到如图 9.13 所示的界面，单击界面下方的 OK 按钮完成软件环境配置。

3) 软件环境使用

(1) 在 Programmer's Notepad 中关闭自动打开的 new.c，打开 C:\ ASURO_src\ FirstTry\ test.c。在文件中写入程序，如图 9.14 所示。

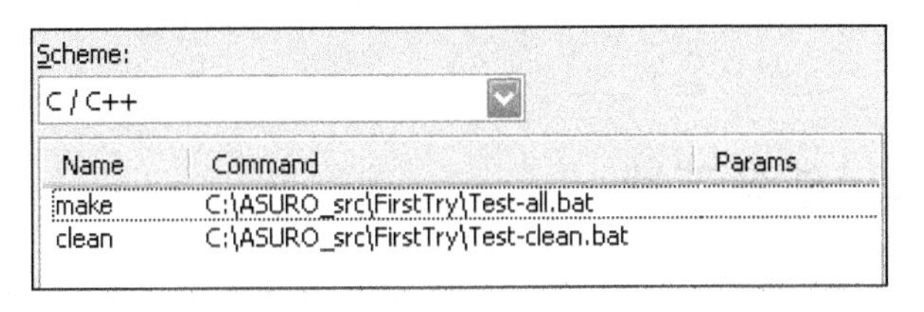

图 9.13　新增的命令

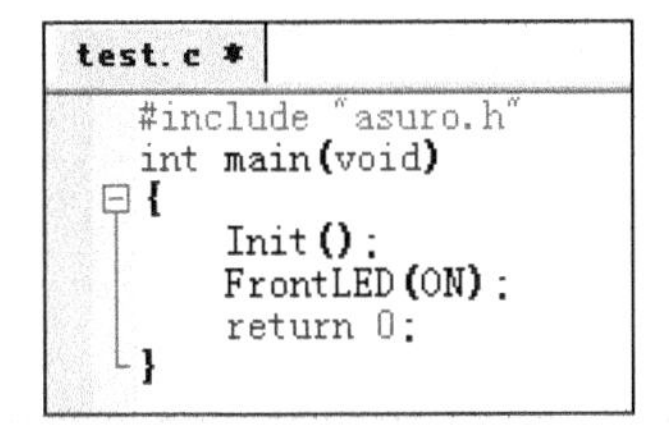

图 9.14　编写程序

(2) 编写完程序后，保存程序。再选择 tools 主菜单中的 make 菜单项编译程序。窗口下方会给出编译提示，若编译通过，则显示如图 9.15 所示的提示。

(3) 编译通过后，在 test.c 所在的文件夹中生成了 test.hex 文件，将此文件传送到小车中，小车便能运行程序。

(4) 将数据线连接到机箱串口上，打开 FLASH 程序，选中对应的接口(COM1 或 COM2)，设置好 test.hex 文件路径，如图 9.16 所示。

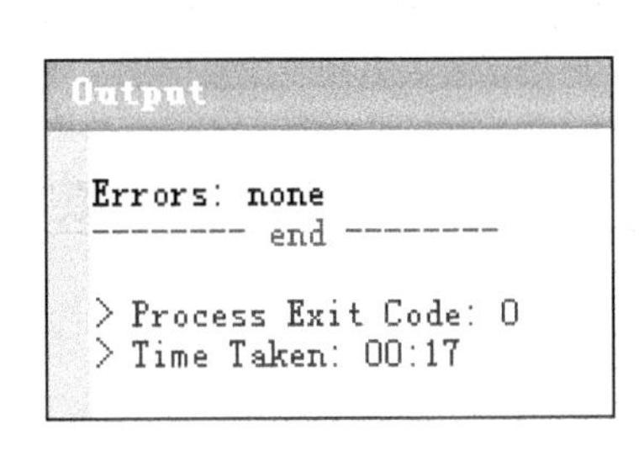

图 9.15　编译通过

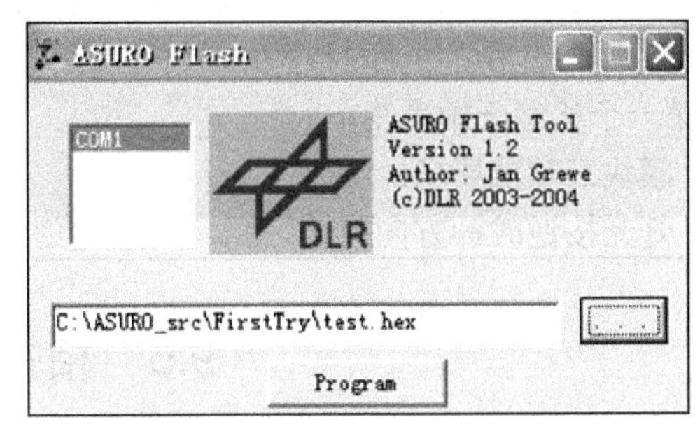

图 9.16　ASURO Flash 程序设置

(5) 数据线的发送端面对小车，单击 FLASH 程序中的 Programm 按钮，在进度条达到 100%之前，将小车开关打开，程序便向车中传送了。

在程序传送的过程中可能会出现以下错误提示：

① c：数据校验错误。小车已接收到一些数据，但数据在传送过程中受到其他光源的干扰，或者光通路被短暂打断。若在程序传送过程中频繁出现此种错误，应该关掉或调暗室内的灯光，

尤其是荧光灯。

② t ：数据传送超时。在小车和红外数据接收器之间的可视距离被完全中断。

③ v ：数据写入错误。这种错误较少发生，表示小车闪存空间已不能再使用，通常情况下，小车闪存可重复编程 10000 次。

传送完毕后，关闭小车开关。当再一次开启小车开关，经过约一秒时长的启动，小车开始执行程序。

3. 智能车控制程序主函数

ASURO 智能车控制程序主函数为：

```
# include "asuro.h"    // 也可自定义头文件
int main(void)
{
    …                  // 变量定义
    Init ( );          // 芯片初始化
    …                  // 功能语句
    return 0;          // 返回 0，标志程序结束
}
```

9.4 任务下达

任 务 书

灯光控制包含 3 个功能模块。

模块一功能要求：

控制车身两个后置 LED，使其每隔一秒交替闪烁。

模块二功能要求：

LED 状态变化过程：状态灯显示绿色(持续 0.3 秒)→状态灯显示黄色(持续 0.5 秒)→状态灯显示红色(持续 0.8 秒)→状态灯关闭(持续 0.5 秒)→前灯开启(持续 0.1 秒)→前灯关闭(持续 0.2 秒)→左后灯开启(持续 0.1 秒)→右后灯开启(持续 0.2 秒)→关闭所有灯(持续 0.7 秒)→(从第一个状态开始重复)。

模块三功能要求：

灯光按逆时针方向旋转闪烁，任意时刻仅有一个灯开启。尽量使灯光闪烁效果漂亮。

9.5 相关函数介绍

1. 后灯控制函数

后灯控制函数的原型为：

```
void BackLED (unsigned char left, unsigned char right);
```

后灯可通过此函数实现开启或关闭。函数包含两个参数，第一个参数用于控制左后灯，第二个参数用于控制右后灯。两个参数取值见表 9-1。

表 9-1　后灯控制参数

参数取值	功能说明
ON	开启
OFF	关闭

例如，以下调用可实现在关闭左后灯的同时，开启右后灯：

```
BackLED (OFF, ON);
```

2. 状态灯控制函数

状态灯控制函数的原型为：

```
void StatusLED (unsigned char status);
```

状态灯可通过此函数实现显示各种颜色或关闭。函数包含一个参数，参数取值见表 9-2。

表 9-2　状态灯控制参数

参数取值	功能说明
OFF	状态灯关闭
GREEN	状态灯显示绿色
RED	状态灯显示红色
YELLOW	状态灯显示黄色

例如，以下调用可使状态灯显示红色：

```
StatusLED (RED);
```

3. 前灯控制函数

前灯控制函数的原型为：

```
void FrontLED(unsigned char status);
```

前灯可通过此函数实现开启或关闭。函数包含一个参数，参数取值见表 9-3。

表 9-3　前灯控制参数

参数取值	功能说明
ON	开启
OFF	关闭

例如，以下调用可开启前灯：

```
FrontLED (ON);
```

4. 延时控制函数

延时控制函数的原型为：

```
void Sleep (unsigned char time);
```

此函数会令处理器等待一段时间再执行下一个指令。等待的时间长度由参数决定，参数的最大取值为 255，最小取值为 0。计算频率为 72kHz。函数参数表示“周期的个数”。由频率 72kHz 可得计数周期为 1/72kHz。

例如，在某程序中需要实现处理器延时 3ms，可通过以下计算得到参数：

0.003s/(1/72kHz)= 216

216个时钟周期即为3ms的时长。语句“Sleep (216);”将会令处理器等候3ms。

下面的程序可实现让小车的状态灯显示绿色3ms后，由绿色变成红色。

```
int main(void)
{
    Init();
    StatusLED(GREEN);
    Sleep(216);
    StatusLED(RED);
    return 0;
}
```

9.6 模块设计

本项目模块设计与硬件测试可同时,模块设计员进行模块设计的主要任务是根据模块功能规定，设计程序流程图，并完成《模块设计说明书》。

下面给出《模块设计说明书》参考：

模块设计说明书

1. 引言

1.1 编写目的

编写本说明书的目的在于详细说明灯光控制项目 3 个模块的程序流程和相关问题，为后续程序设计和模块功能测试提供基础。

1.2 背景

项目名称：灯光控制

开发团队：……班……队，成员及分工:刘飞(测试)、董鹏(模块设计)、王磊(程序设计)

团队负责人：董鹏

1.3 术语定义

术　语	说　明
左亮右灭	左后灯亮、右后灯灭
左灭右亮	左后灯灭、右后灯亮
状态灯绿	状态灯显示绿色
状态灯黄	状态灯显示黄色
状态灯红	状态灯显示红色
状态灯灭	状态灯关闭
前灯亮	前灯开启
左后灯亮	左后灯开启
右后灯亮	右后灯开启
全灭	所有灯关闭

2. 设计说明

2.1 功能规定

模块一：

在任意一个时刻，有且仅有一个后灯亮，即两个后灯总共有两种状态：左亮右灭和左灭右亮。起始状态可以任意。一种状态持续一秒后切换成另一种状态。切换次数为无限次。状态持续的时间精确到 0.1 秒。

模块二：

状态灯绿(0.3 秒)→状态灯黄(0.5 秒)→状态灯红(0.8 秒)→状态灯灭(0.5 秒)→前灯亮(0.1 秒)→前灯灭(0.2 秒)→左后灯亮(0.1 秒)→右后灯亮(0.2 秒)→全灭(0.7 秒)→……(循环)。

上段中描述的为一次循环的内容，每一次循环包含 9 个状态。当最后一个状态(全灭 0.7 秒)结束后，自动切换为第一个状态(状态灯绿 0.3 秒)，9 个状态无限循环。状态持续的时间精确到 0.1 秒。

模块三：

灯光按逆时针方向旋转闪烁，任意时刻有且仅有一个灯开启。在旋转闪烁过程中，控制速度由慢到快，再由快到慢。在灯光效果满足基本要求的前提下，可创作实现更好的灯效。

模块三无状态持续时间要求，为使灯效漂亮，灯亮时长应尽量短。

2.2 延时参数设定

模块一：

对状态延时要求为 1 秒，参数计算如下：

周期 = 1/72000 s，1s = 72000 个周期。

Sleep( )函数参数为“周期的个数”，取值范围为 0～255。

若取参数为 72，则可将 Sleep(72)语句循环 1000 次实现延时 1 秒。

参数取值及重复次数确定为：

延时要求	参　数	重复次数
0.1 秒	Sleep(72)	100

模块二：

参数取值及重复次数确定为：

延时要求	参　数	重复次数
0.3 秒	Sleep(72)	300
0.5 秒	Sleep(72)	500
0.8 秒	Sleep(72)	800
0.1 秒	Sleep(72)	100
0.2 秒	Sleep(72)	200
0.7 秒	Sleep(72)	700

模块三：

参数取值及重复次数确定为：

延时要求	参　数	重复次数
0.1 秒	Sleep(72)	100

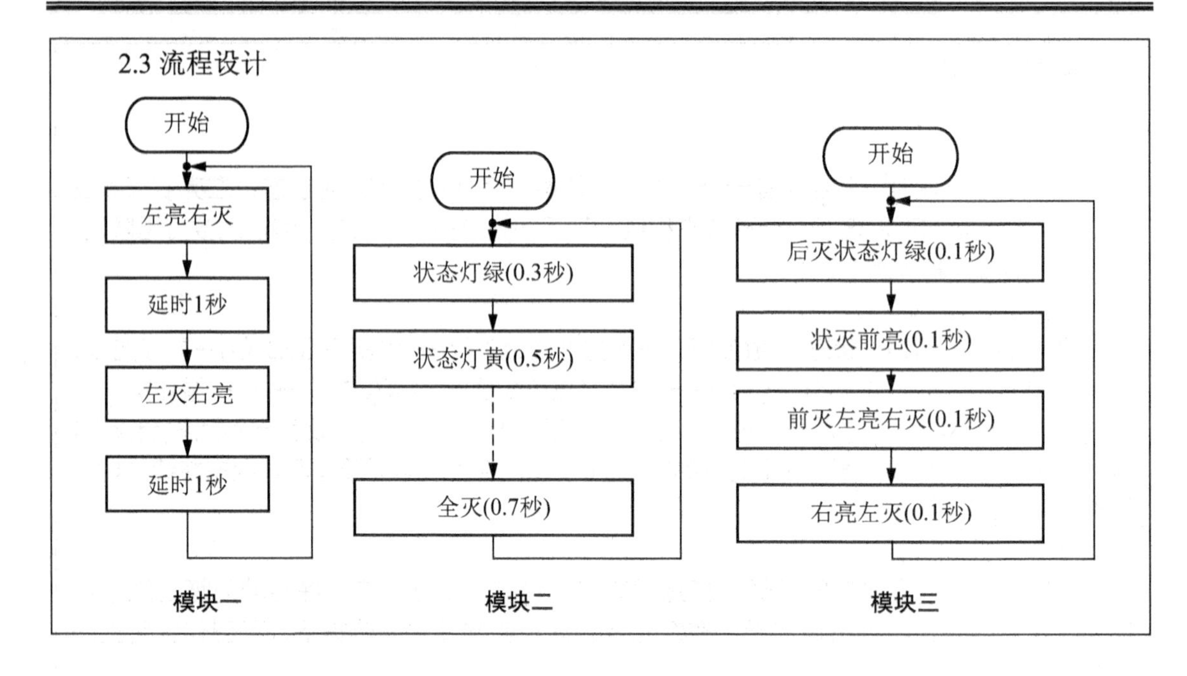

9.7 LED 硬件测试

本项目硬件测试的目的是通过编程测试 LED 是否能正常工作。后灯与前灯仅有开启和关闭两种状态，所以测试时，发现后灯与前灯可以开启便说明它们无故障。

状态灯在开启的情况下可显示红、绿、黄 3 种颜色，测试员应当对其每一种颜色都进行测试，状态灯显示的颜色与控制参数一致才能说明状态灯无故障。

测试工作由测试员完成，测试员在测试过程中须填写《硬件测试记录》。

下面给出《硬件测试记录》参考：

硬件测试记录

测试对象	两个后灯（包括开启和关闭两种状态） 状态灯(包括显示红色、绿色、黄色和关闭 4 种状态) 前灯(包括开启和关闭两种状态)
测试员	刘飞
测试时间	2010 年 3 月 20 日
测试用例	1. 后灯测试用例 两个后灯开启 2. 前灯测试用例 前灯开启 3. 状态灯测试用例（状态灯的测试分 3 次进行） 第 1 次：状态灯显示绿色 第 2 次：状态灯显示红色 第 3 次：状态灯显示黄色

续表

<table>
<tr><td>测试代码</td><td>int main (void)
{
    Init ( );
    BackLED (ON, ON);　　　//两个后灯开启
    FrontLED (ON);　　　//前灯开启
    StatusLED (GREEN);　　//状态灯第 1 次测试
    StatusLED (RED);　　　//状态灯第 2 次测试
    StatusLED (YELLOW);　//状态灯第 3 次测试
    return 0;
}</td></tr>
<tr><td>测试结果</td><td>后灯正常；
前灯正常；
状态灯红色与绿色状态显示相反</td></tr>
<tr><td>故障原因及排除方法</td><td>1. 故障原因
状态灯内红、绿灯引脚接反导致控制参数 RED 使状态灯显示绿色，控制参数 GREEN 使状态灯显示红色。
2. 故障排除方法
第一种方法：修改头文件中 StatusLED 函数的定义，将 RED 与 GREEN 参数互换。
第二种方法：编程时，若需控制状态灯显示绿色或红色，将参数 RED 与 GREEN 互换使用。如：
int main (void)
{
    Init ( );
    StatusLED (GREEN);　　// 使状态灯显示红色
    StatusLED (RED);　　　// 使状态灯显示绿色
    return 0;
}</td></tr>
</table>

9.8　程序设计

模块一参考代码：

```
/************************************************************************
* 版权所有(C)2010，XX 学院。
* 文件名称：LED_ONE.c
* 内容摘要：后灯每隔一秒交替闪烁
* 当前版本：v1.0
* 作    者：王磊
* 建立日期：2010 年 3 月 20 日
* 完成日期：2010 年 3 月 20 日
************************************************************************/
#include "car.h"
int main(void)
{
   int t;
   Init( );
```

```
    for ( ; ; )
    {
        // 左后灯亮、右后灯灭，持续1秒
        BackLED(ON, OFF);
        for (t = 0; t < 1000; t++)
        {
            Sleep(72);
        } /* end of for (t = 0; t < 1000; t++) */

        // 右后灯亮、左后灯灭，持续1秒
        BackLED(OFF, ON);
        for (t = 0; t < 1000; t++)
        {
            Sleep(72);
        } /* end of for (t = 0; t < 1000; t++) */
    }/* end of for ( ; ; ) */
    return 0;
}
```

模块二参考代码：

```
/************************************************************************
* 版权所有(C)2010，XX学院。
* 文件名称：LED_TWO.c
* 内容摘要：状态灯绿(0.3秒)→状态灯黄(0.5秒)→状态灯红(0.8秒)→状态灯灭(0.5秒)→前灯亮(0.1秒)→前灯灭(0.2秒)→左后灯亮(0.1秒)→右后灯亮(0.2秒)→全灭(0.7秒)→……(循环)。
* 当前版本：v1.0
* 作    者：王磊
* 建立日期：2010年3月20日
* 完成日期：2010年3月20日
************************************************************************/
# include "car. h"
int main(void)
{
    int t;
    Init( );
    for ( ; ; )
    {
        // 状态灯绿，持续0.3秒
        StatusLED(GREEN);
        for (t = 0; t < 300; t++)
        {
            Sleep(72);
        } /* end of for (t = 0; t < 300; t++) */

        // 状态灯黄，持续0.5秒
        StatusLED(YELLOW);
        for (t = 0; t < 500; t++)
        {
            Sleep(72);
        } /* end of for (t = 0; t < 500; t++) */

        // 状态灯红，持续0.8秒
```

```
        StatusLED(RED);
        for (t = 0; t < 800; t++)
        {
            Sleep(72);
        } /* end of for (t = 0; t < 800; t++) */

        // 状态灯灭，持续 0.5 秒
        StatusLED(OFF);
        for (t = 0; t < 500; t++)
        {
            Sleep(72);
        } /* end of for (t = 0; t < 500; t++) */

        // 前灯亮，持续 0.1 秒
        FrontLED(ON);
        for (t = 0; t < 100; t++)
        {
            Sleep(72);
        } /* end of for (t = 0; t < 100; t++) */

        // 前灯灭，持续 0.2 秒
        FrontLED(OFF);
        for (t = 0; t < 200; t++)
        {
            Sleep(72);
        } /* end of for (t = 0; t < 200; t++) */

        // 左后灯亮，持续 0.1 秒
        BackLED(ON, OFF);
        for (t = 0; t < 100; t++)
        {
            Sleep(72);
        } /* end of for (t = 0; t < 100; t++) */

        // 右后灯亮，持续 0.2 秒
        BackLED(OFF, ON);
        for (t = 0; t < 200; t++)
        {
            Sleep(72);
        } /* end of for (t = 0; t < 200; t++) */

        // 全灭，持续 0.7 秒
        StatusLED (OFF);
        FrontLED (OFF);
        BackLED (OFF, OFF);
        for (t = 0; t < 700; t++)
        {
            Sleep(72);
        } /* end of for (t = 0; t < 700; t++) */
    }/* end of for ( ; ; ) */
    return 0;
}
```

模块三参考代码：

```
/*********************************************************************
 * 版权所有(C)2010，XX 学院。
 * 文件名称：LED_THREE. c
 * 内容摘要：后灭状态灯绿(0.1 秒)→状灭前亮(0.1 秒)→前灭左亮右灭(0.1 秒)→右亮左灭(0.1
秒)→……(循环)。*
 * 当前版本：v1.0
 * 作    者：王磊
 * 建立日期：2010 年 3 月 21 日
 * 完成日期：2010 年 3 月 21 日
*********************************************************************/
# include "car. h"
int main(void)
{
    int t;
    Init( );
    for ( ; ; )
    {
        // 后灯灭、状态灯绿，持续 0.1 秒
        BackLED(OFF,OFF);
        StatusLED(GREEN);
        for (t = 0; t < 100; t++)
        {
            Sleep(72);
        } /* end of for (t = 0; t < 100; t++) */

        // 状态灯灭，前灯亮持续 0.1 秒
        StatusLED(OFF);
        FrontLED(ON);
        for (t = 0; t < 100; t++)
        {
            Sleep(72);
        } /* end of for (t = 0; t < 100; t++) */

        //左亮右灭，持续 0.1 秒
        BackLED(ON,OFF);
        for (t = 0; t < 100; t++)
        {
            Sleep(72);
        } /* end of for (t = 0; t < 100; t++) */

        // 右亮左灭，持续 0.1 秒
        BackLED(OFF,ON);
        for (t = 0; t < 100; t++)
        {
            Sleep(72);
        } /* end of for (t = 0; t < 100; t++) */
    }/* end of for ( ; ; ) */
    return 0;
}
```

9.9　模块测试

在程序员完成了模块程序设计并完成了基本的自测后，由测试员对模块进行功能测试。模块测试的目的是检查模块功能是否符合任务规定，并完成《测试报告》。

下面给出《测试报告》参考：

测试报告

测试员：刘飞

测试时间：2010 年 3 月 21 日

模块一测试分析：

功能需求	满足需求	不满足需求	未规定
在任意一个时刻，有且仅有一个后灯亮	√		
左亮右灭时间 1 秒	√		
左灭右亮时间 1 秒	√		
两种状态无限循环	√		
1 秒时长精确	√		

模块测试结论：满足功能规定。

模块二测试分析：

功能需求	满足需求	不满足需求	未规定
状态灯绿持续时间为 0.3 秒	√		
状态灯黄持续时间为 0.5 秒	√		
状态灯红持续时间为 0.8 秒	√		
状态灯灭持续时间为 0.5 秒	√		
前灯亮持续时间为 0.1 秒	√		
前灯灭持续时间为 0.2 秒	√		
左后灯亮持续时间为 0.1 秒	√		
右后灯亮持续时间为 0.2 秒	√		
全灭持续时间为 0.7 秒	√		
状态切换顺序	√		
9 种状态无限循环	√		
每种状态持续时间精确到 0.1 秒	√		

模块测试结论：满足功能规定。

模块三测试分析：

功能需求	满足需求	不满足需求	未规定
状态灯亮绿色 0.1 秒	√		
前灯亮 0.1 秒	√		

续表

功能需求	满足需求	不满足需求	未规定
后灯左亮右灭 0.1 秒	√		
后灯左灭右亮 0.1 秒	√		
4 个灯按逆时针方向闪烁	√		
4 个状态无限循环	√		
任意时刻有且仅有一个灯亮		√	

模块测试结论：未实现任意时刻有且仅有一个灯亮。状态灯开启时，前灯未关闭。左后灯开启时，前灯和状态灯都未关闭。经检查，模块三程序代码有误，请程序员修改。

第10章 行驶控制基础项目

教学目标

通过本章的学习，使学生掌握伺服电机编程控制方法，按照模块开发流程完成开发任务。

教学要求

知识要点	能力要求	关联知识
马达控制	(1) 掌握马达方向控制函数的使用 (2) 掌握马达速度控制函数的使用	马达方向控制函数 马达速度控制函数
模块设计	(1) 完成模块设计 (2) 完成《模块设计说明书》	各模块流程设计
马达硬件测试	(1) 掌握马达编程测试方法 (2) 掌握状态灯故障排除方法 (3) 填写《硬件测试记录》	马达测试用例设计 马达测试分析与故障排除
程序设计	编程实现各模块功能	编程规范
模块功能测试	(1) 测试各模块功能是否符合任务规定 (2) 完成《测试报告》	模块测试说明文档规范 各模块功能测试

重点难点

✧ 马达与 LED 协同控制
✧ 行驶路线编程控制

10.1 任务下达

任 务 书

行驶控制包含3个功能模块。

模块一功能要求：

车行驶过程：前行2秒→后退3秒→原地左转1秒→原地右转0.5秒→停止。

启动时后灯全亮0.2秒，前行时灯全灭，后退时后灯亮灭交替(每0.5秒交替一次)，左转时后灯左亮右灭，右转时后灯左灭右亮，停止时后灯全亮。

模块二功能要求：

控制小车以S形路线前进，5个S后停下。

模块三功能要求：

控制小车以螺线形路线前进。

10.2 相关函数

1. 马达方向控制函数

马达方向控制函数的原型为：

```
void MotorDir(unsigned char left, unsigned char right);
```

此函数用于控制两个马达的方向，需要在对马达进行速度控制之前调用它。

3个参数取值见表10-1。

表10-1　马达方向控制参数

参数取值	功能说明
FWD	向前转动
RWD	向后转动
BREAK	不转动

例如，以下调用可使左马达向前转动而右马达不转动：

```
MotorDir(FWD, BREAK);
```

2. 马达速度控制函数

马达速度控制函数的原型为：

```
void MotorSpeed (unsigned char left, unsigned char right);
```

此函数用于控制两个马达的速度。参数最大值为255，最小为0。参数所表示的数值本质上是供给马达的电量，马达会在约60的速度值(参数值)开始转动。实际的转速受摩擦力和斜坡以及电池剩余电量等外界因素的影响。

例如，以下调用可使左马达以最高速度转动而右马达不转动。

```
MotorSpeed(255,0);
```

马达运转的方向由函数 MotorDir()确定。在程序中，通常函数 MotorDir()放在函数 MotorSpeed()之前。

实践发现，小车的编程控制并无太大难度，但由于受各种外界因素的影响，相比编程而言，往往会有一个更长时间、更复杂的程序调试过程。调试的难度高于编程的难度，这体现了软硬件协同调试的特点。

10.3 模块设计

模块设计的主要任务是根据模块功能规定，设计程序流程图，完成《模块设计说明书》。

下面给出《模块设计说明书》参考，其中，模块三流程设计略：

模块设计说明书

1 引言

1.1 编写目的

编写本说明书的目的在于详细说明行驶控制项目 3 个模块的设计流程和相关问题，为后续测试工作提供基础。

1.2 背景

项目名称：行驶控制

开发团队：…班…队，成员及分工:李真(测试)、熊新(模块设计)、赵杰(程序设计)

团队负责人：熊新

2 设计说明

2.1 功能规定

模块一：

行驶过程：前行 2 秒→后退 3 秒→原地左转 1 秒→原地右转 0.5 秒→停止。

启动时后灯全亮 0.2 秒，前行时灯全灭，后退时后灯亮灭交替(每 0.5 秒交替一次)，左转时后灯左亮右灭，右转时后灯左灭右亮，停止时后灯全亮。

状态持续的时间精确到 0.1 秒。

模块二：

控制小车以 S 形路线前进，5 个 S 后停下。S 形路线动作不要求严格精度。每个 S 由两个 1/2 圆弧构成，如下图所示。

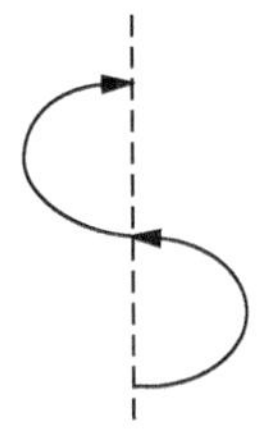

模块三：

控制小车以螺线形路线前进。要求车前行，半径不断增大，路线为一个半径不断增大的圆弧，路线不允许有任何交叉。路线如下图所示。

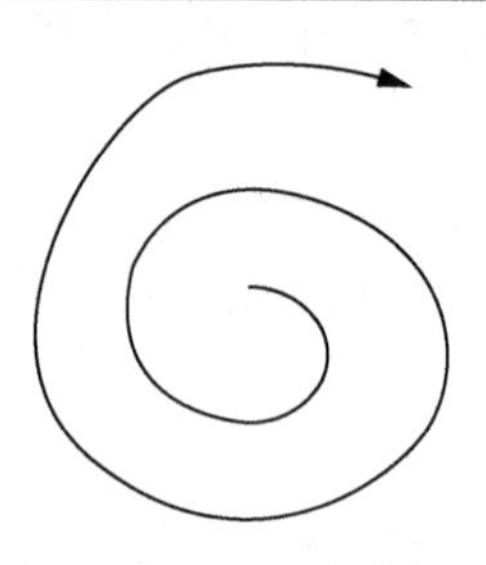

2.2 参数设定

模块一：

参数取值及重复次数确定为：

延时要求	参　数	重复次数
2 秒	Sleep(72)	2000
3 秒	Sleep(72)	3000
1 秒	Sleep(72)	1000
0.5 秒	Sleep(72)	500
0.2 秒	Sleep(72)	200

模块二、模块三无延时限制。

2.3 流程设计

模块一

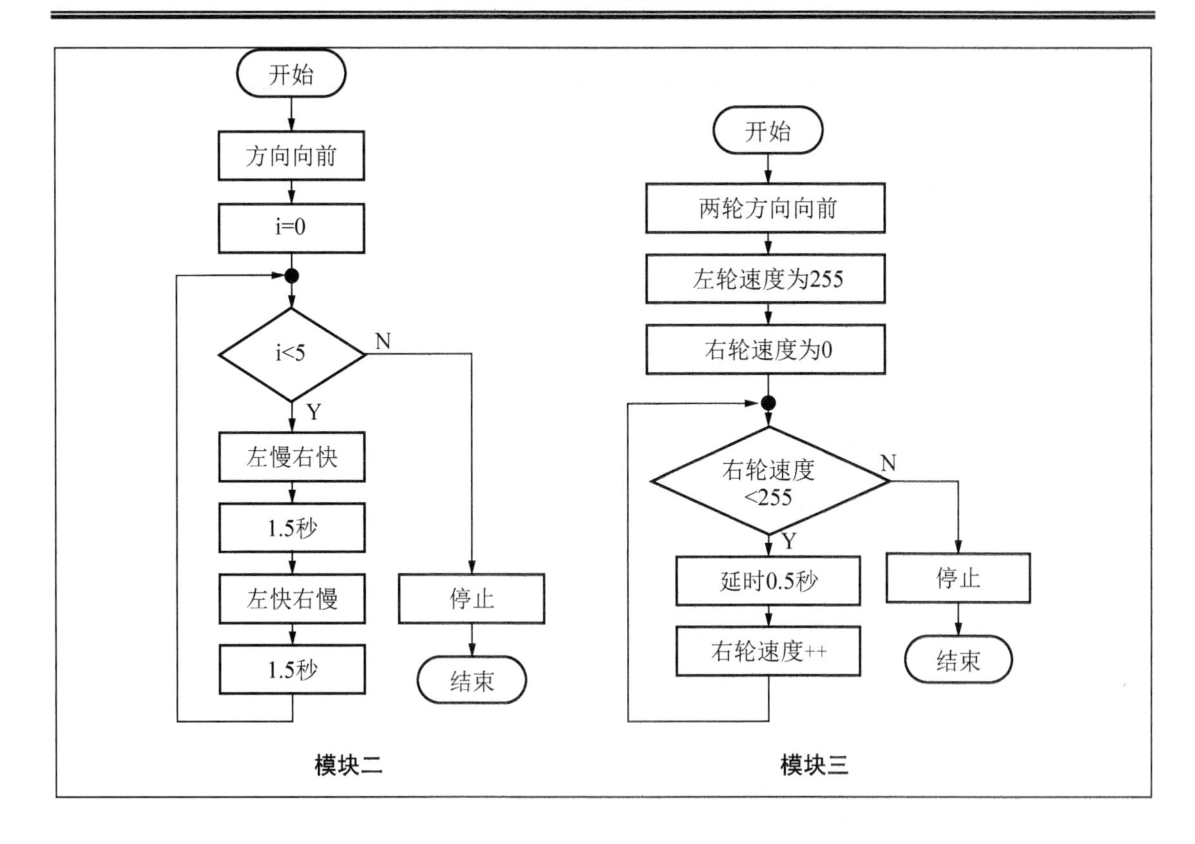

10.4　硬件测试

本项目硬件测试的目的是通过编程测试小车的两个马达(伺服电机)是否能正常工作。测试时，应对马达进行不同转动方向和不同转动速度的测试。

测试工作由测试员完成，测试员在测试过程中须填写《硬件测试记录》。

下面给出《硬件测试记录》参考：

硬件测试记录

测试对象	两个马达
测试员	李真
测试时间	2010 年 3 月 23 日
测试用例	马达测试分 5 次进行 第 1 次：左右马达 100 速度前行 第 2 次：左右马达 255 速度前行 第 3 次：左右马达 200 速度后退 第 4 次：左马达停止，右马达 200 速度前转，使小车原地左转 第 5 次：右马达停止，左马达 200 速度前转，使小车原地右转
测试代码	/* 第 1 次，左右马达 100 速度前行。*/ int main(void) { 　　Init( );

续表

测试代码	MotorDir(FWD, FWD);
	MotorSpeed(100, 100);
	return 0;
	}
	
	/* 第2次，左右马达255速度前行。*/
	int main(void)
	{
	Init( );
	MotorDir(FWD, FWD);
	MotorSpeed(255, 255);
	return 0;
	}
	
	/*第3次， 左右马达200速度后退。*/
	int main(void)
	{
	Init( );
	MotorDir(RWD, RWD);
	MotorSpeed(200, 200);
	return 0;
	}
	
	/* 第4次，左马达停止，右马达200速度前转，使小车原地左转。*/
	int main(void)
	{
	Init( );
	MotorDir(BREAK, FWD);
	MotorSpeed(0, 200);
	return 0;
	}
	
	/* 第5次，右马达停止，左马达200速度前转，使小车原地右转。*/
	int main(void)
	{
	Init( );
	MotorDir(FWD, BREAK);
	MotorSpeed(200, 0);
	return 0;
	}

测试结果	马达正常
故障原因及排除方法	无

10.5　程序设计

模块一参考代码：

```
/*******************************************************
* 版权所有(C)2010，XX 学院。
* 文件名称：One. c
* 内容摘要：前行 2 秒→后退 3 秒→原地左转 1 秒→原地右转 0.5 秒→停止。启动时后灯全亮 0.2 秒，前行时灯全灭，后退时后灯亮灭交替(每 0.5 秒交替一次)，左转时后灯左亮右灭，右转时后灯左灭右亮，停止时后灯全亮。
* 当前版本：v1.0
* 作    者：赵杰
* 建立日期：2010 年 3 月 23 日
* 完成日期：2010 年 3 月 24 日
*******************************************************/
# include "mytool. h"
int main(void)
{
   int t;
   Init( );

   // 启动，后灯全亮，持续 0.2 秒
   BackLED(ON,ON);
   for (t = 0; t < 200; t++)
   {
      Sleep(72);
   } /* end of for (t = 0; t < 200; t++) */

   // 前行，后灯全灭，持续 2 秒
   MotorDir(FWD,FWD);
   MotorSpeed(200, 200);
   BackLED(OFF,OFF);
   for (t = 0; t < 2000; t++)
   {
      Sleep(72);
   } /* end of for (t = 0; t < 2000; t++) */

   …… // 此段代码省略

   // 停止，后灯全亮
   MotorDir(BREAK, BREAK);
   MotorSpeed(0, 0);
   BackLED(ON,ON);
   return 0;
}
```

模块二参考代码：

```
/*****************************************************************
* 版权所有(C)2010，XX 学院。
```

```
* 文件名称：Two. c
* 内容摘要：以S形路线前进。
* 当前版本：v1.0
* 作    者：赵杰
* 建立日期：2010年3月24日
* 完成日期：2010年3月24日
**********************************************************************/
#include "mytool. h"
int main(void)
{
   int t, i;
   Init( );

   // 5个S形
   for (i = 0; i < 5; i++)
   {
      // 右圆弧前行，持续1秒
      MotorDir(FWD, FWD);
      MotorSpeed(180, 250);
      for (t = 0; t < 1000; t++)
      {
         Sleep(72);
      } /* end of for (t = 0; t < 1000; t++) */

      // 左圆弧前行，持续1秒
      MotorDir(FWD, FWD);
      MotorSpeed(250, 180);
      for (t = 0; t < 1000; t++)
      {
         Sleep(72);
      } /* end of for (t = 0; t < 1000; t++) */
   }
   return 0;
}
```

模块三参考代码：

```
/**********************************************************************
* 版权所有(C)2010，XX学院。
* 文件名称：THREE. c
* 内容摘要：以螺线形路线前进。
* 当前版本：v1.0
* 作    者：赵杰
* 建立日期：2010年3月24日
* 完成日期：2010年3月24日
**********************************************************************/
#include "mytool. h"
int main(void)
{
   unsigned char Speedl;
   Init();
```

```
    MotorDir(FWD, FWD);
    for(Speedl=65; Speedl<220; Speedl++)
    {
        MotorSpeed(Speedl, 255);
        for(k=0; k<20; k++)
        {
            Sleep(255);
        }
    }
    return 0;
}
```

10.6　模块测试

模块测试的目的是检查模块功能是否符合任务规定，并完成《测试报告》。

下面给出《测试报告》参考：

测试报告

测试员：李真

测试时间：2010 年 3 月 24 日

模块一测试分析：

功能需求	满足需求	不满足需求	未规定
车行驶前后灯全亮 0.2 秒	√		
车前行时后灯全灭	√		
前行 2 秒	√		
后退 3 秒	√		
后退时后灯亮灭交替	√		
后灯每 0.5 秒交替一次	√		
左转 1 秒	√		
左转时后灯左亮右灭	√		
右转 0.5 秒	√		
右转时后灯右亮左灭	√		
车停止时后灯全亮	√		

测试结论：满足功能规定

模块二测试分析：

功能需求	满足需求	不满足需求	未规定
行驶方向向前	√		
走出 5 个 S 后停止	√		
每个 S 大致由两个 1/2 圆弧构成	√		

测试结论：满足功能规定

模块三测试分析：

功能需求	满足需求	不满足需求	未规定
行驶方向向前	√		
路线为一个半径不断增大的圆弧	√		
路线没有任何交叉	√		

测试结论：满足功能规定

第11章 光感控制基础项目

教学目标

通过本章的学习，使学生掌握地面色彩感知编程控制方法，按照模块开发流程完成任务。

教学要求

知识要点	能力要求	关联知识
光强感知	掌握光强度感知函数的使用	光强度感知函数
模块设计	(1) 完成模块设计 (2) 完成《模块设计说明书》	各模块流程设计
光感临界值参数测试	(1) 掌握临界值参数测试方法 (2) 填写《硬件测试记录》	临界值查找方法
程序设计	编程实现各模块功能	编程规范
模块功能测试	(1) 测试各模块功能是否符合任务规定 (2) 完成《测试报告》	模块测试说明文档规范 各模块功能测试

重点难点

- ✧ 光强感知与行驶协同控制
- ✧ 光感临界值参数测试

11.1 任务下达

任 务 书

光感控制包含 3 个功能模块。
模块一功能要求：
纸面上画一个黑色圆圈，小车始终在圈内行驶，遇到圈时小车调头。
模块二功能要求：
纸面上画出一个黑色区域，小车沿黑白区域的边界线行驶。
模块三功能要求：
纸上任意画一曲线作为轨道，小车沿轨道行驶。

11.2 光强感知函数

光强感知函数的原型为：

```
void LineData (unsigned int *data);
```

此函数用于获取小车电路板底部两个光感器的感光强度。使用此函数需要先定义一个一维二元数组。函数会将光感器获取到的光强度值存放到一维二元数组中。光强度的最大值为1023，最小值为 0。一般情况下这两个极值都不会出现，较多的是介于两者之间的值。

例如，以下语句能通过两个光感器读取光强度值，并将强度值存放到数组 data 中。

```
unsigned int data[2];              // 定义数组
LineData (data);                   // 读取光强度值
```

以上语句先定义一个数组用来存放光强度值，这个数组由两个元素组成，分别是 data[0]和 data[1]，它们都必须是无符号整型数据，其中，data[0]存放左光感器获得的光强度值，data[1]存放右光感器获得的光强度值。

为了使光感器能够读取到较稳定的光强度值，一般将前灯开启用来作为光感器的主要光源。

11.3 模块设计

模块设计与硬件测试可同时进行，模块设计员进行模块设计的主要任务是根据模块功能规定，设计程序流程图，并完成《模块设计说明书》。

下面给出《模块设计说明书》参考：

模块设计说明书

1 引言

1.1 编写目的

编写本说明书的目的在于详细说明光感控制项目 3 个模块的设计流程和相关问题，为后续程序设计与测试工作提供基础。

1.2 背景

项目名称：光感控制

开发团队：……班……队，成员及分工:肖雷(测试)、伍英(模块设计)、陈伟(程序设计)

团队负责人：伍英

1.3 术语定义

术　语	说　明
左白右白	左、右光感器都在白纸上方
左黑右白	左光感器在黑纸上方，右光感器在白纸上方
左白右黑	左光感器在白纸上方，右光感器在黑纸上方

2 设计说明

2.1 功能规定

模块一：

纸面上画一个黑色圆圈，小车始终在圈内行驶，遇到圈时小车调头，如下图所示。

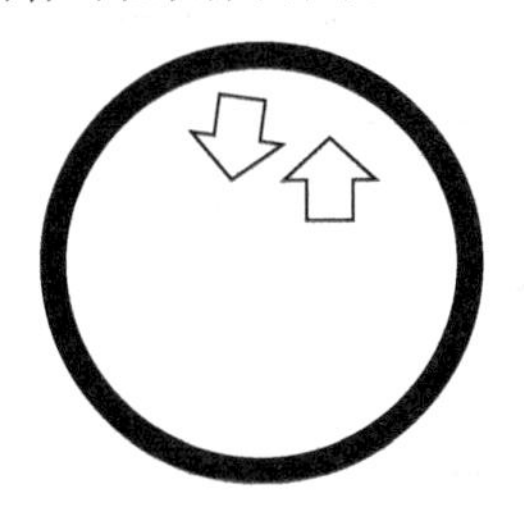

模块一功能示意图

模块二：

纸面上画出一个黑色区域，小车沿黑白区域的边界线行驶。

模块二功能示意图

模块三：

纸上任意画一曲线作为轨道，小车沿轨道行驶。

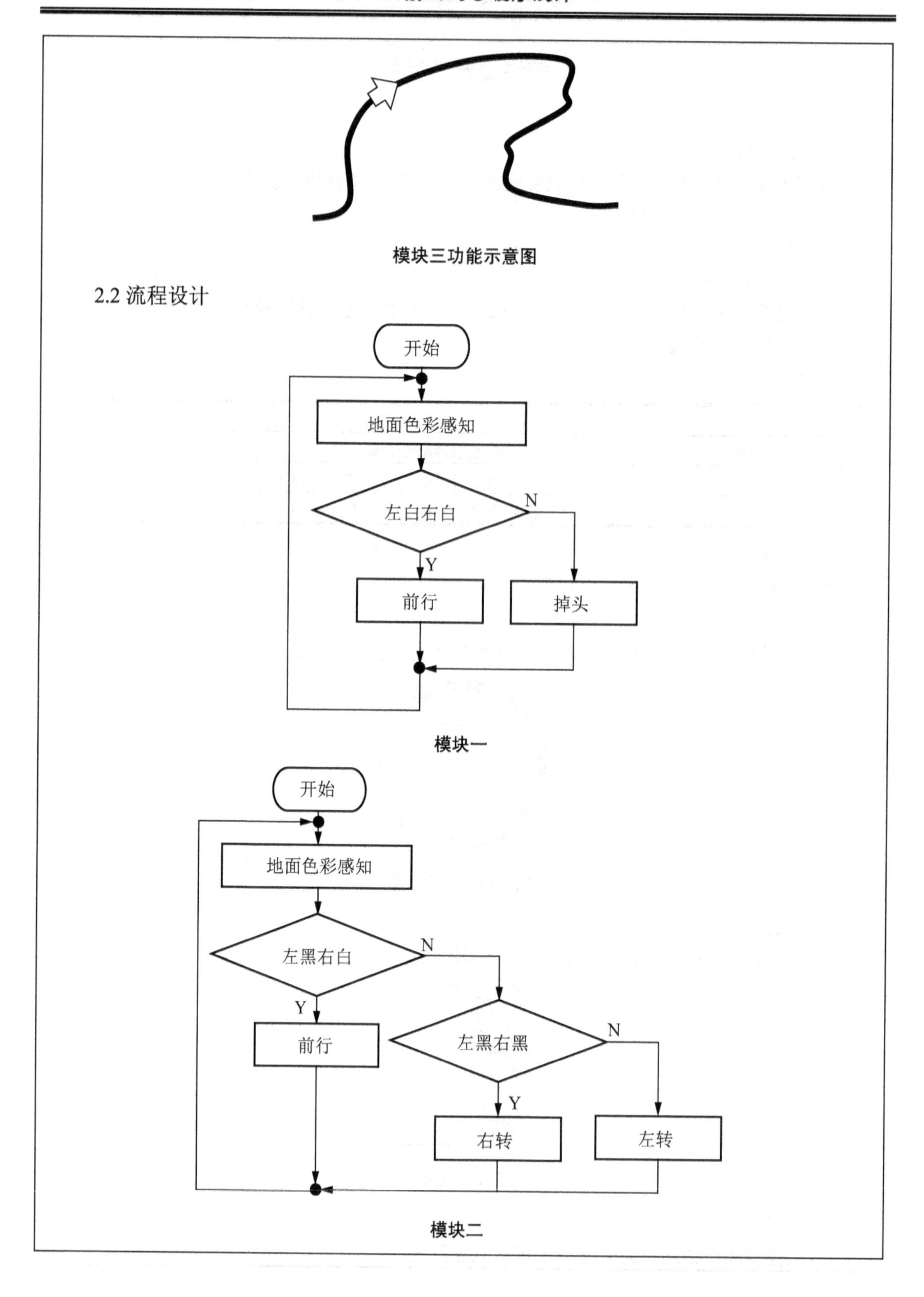

模块三功能示意图

2.2 流程设计

模块一

模块二

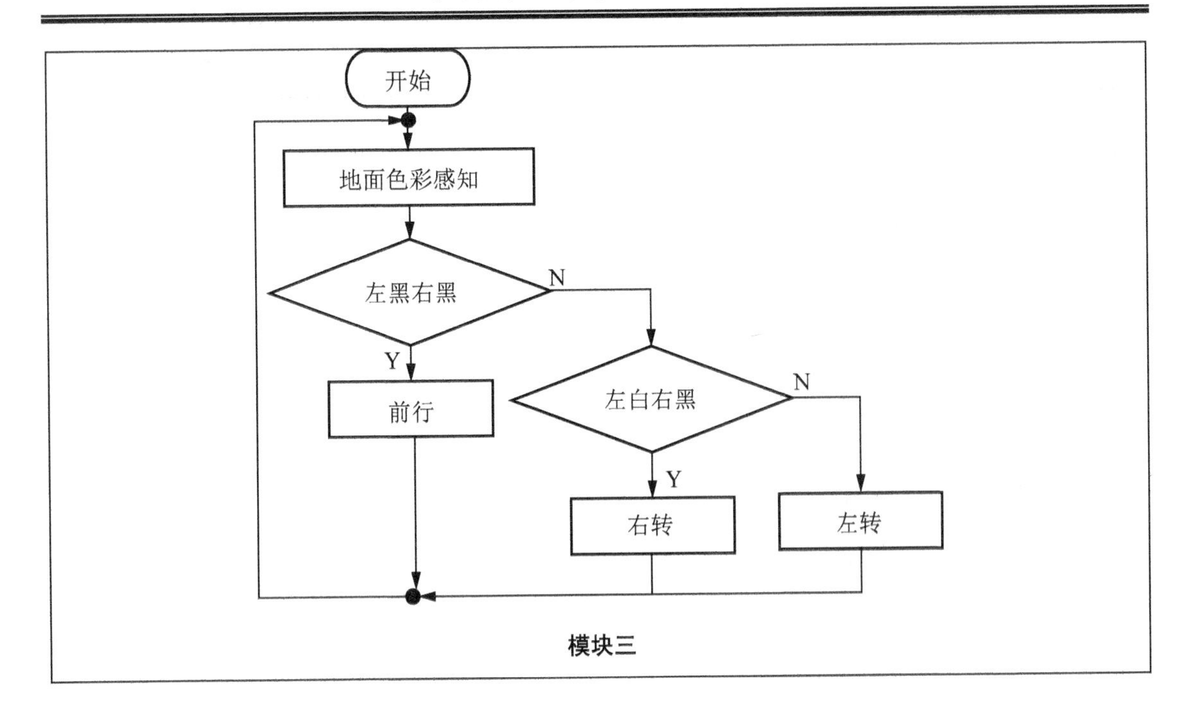

模块三

11.4　光感临界值参数测试

本项目硬件测试的目的是求得光感强度值的临界值参数。小车在白色纸面上行驶时，因白色纸面的反光能力强，光感器获得的强度值较大；小车在黑色纸面上行驶时，光感器获得的强度值较小。临界值是介于这一大一小两个数之间的值。

临界值参数的值不是唯一的。假设光感器在白色纸面上得到的强度值为 700，在黑色纸面上得到的强度值为 400，那么凡是在 400～700 范围内的值都是临界值。

在求得临界值的情况下，编程时可以将光感器读取到的强度值与临界值进行比较从而判断当前时刻的地面颜色。

测试工作由测试员完成，测试员在测试过程中须填写《硬件测试记录》。

下面给出《硬件测试记录》参考：

光感临界值参数测试记录

测试对象	光感器临界值参数
测试员	肖雷
测试时间	2010 年 3 月 30 日
测试用例	用左后灯显示左光感器状态，右后灯显示右光感器状态。当左光感器位于黑色纸面上时，左后灯亮；位于白色纸面上时，左后灯灭。当右光感器位于黑色纸面上时，右后灯亮；位于白色纸面上时，右后灯灭。
测试代码	/*　此测试程序仅用于测试左光感器临界值参数　*/ # include "SmartCar.h" # define LEFT 512 int main (void) {

续表

<table>
<tr><td>测试代码</td><td>

```
    unsigned int data[2];
    Init ( );
    FrontLED(ON);
    for(;;)
    {
        LineData(data);
        if ( data[0] < LEFT)
        {
            BackLED(ON,ON);
        }
        if ( data[0] > LEFT )
        {
            BackLED(OFF,OFF);
        }
    }
    return 0;
}

/* 此测试程序仅用于测试右光感器临界值参数 */
# include "SmartCar.h"
# define RIGHT 512
int main (void)
{
    unsigned int data[2];
    Init ( );
    FrontLED(ON);
    for(;;)
    {
        LineData(data);
        if ( data[0] < RIGHT)
        {
            BackLED(ON,ON);
        }
        if ( data[0] > RIGHT )
        {
            BackLED(OFF,OFF);
        }
    }
    return 0;
}
```

</td></tr>
<tr><td>测试结果</td><td>左光感器临界值参数为：100
右光感器临界值参数为：150</td></tr>
</table>

11.5　程序设计

模块一参考代码：

```
/***********************************************************************
* 版权所有(C)2010，XX 学院。
* 文件名称：ModuleOne.c
* 内容摘要：纸面上画一个黑色圆圈，小车始终在圈内行驶，遇到圈时小车调头。
* 当前版本：v1.0
* 作    者：陈伟
* 建立日期：2010 年 4 月 1 日
* 完成日期：2010 年 4 月 1 日
***********************************************************************/
#include "car. h"
#define LEFT 100
#define RIGHT 150
int main(void)
{
   unsigned int data[2];
   Init( );
   for (; ;)
   {
      LineData(data);
      if (data[0] > LEFT && data[1] > RIGHT)
      {
         MotorDir(FWD, FWD);
         MotorSpeed(200, 200);

      } /* end of if (data[0] > LEFT && data[1] > RIGHT) */
      else
      {
         MotorDir(RWD, RWD);
         MotorSpeed(200, 200);
         ……          // 稍加延时
         MotorDir (FWD, FWD);
         MotorSpeed(0, 200);
         ……          // 稍加延时
      } /* end of else */
   } /* end of for (; ;) */
   return 0;
}
```

模块二参考代码：

```
/***********************************************************************
* 版权所有(C)2010，XX 学院。
* 文件名称：ModuleTwo.c
* 内容摘要：纸面上画出一个黑色区域，小车沿黑白区域的边界线行驶。
* 当前版本：v1.0
* 作    者：陈伟
```

```
* 建立日期：2010年4月1日
* 完成日期：2010年4月2日
***********************************************************************/
#include "car. h"
#define LEFT 100
#define RIGHT 150
int main(void)
{
    unsigned char i, k, t;
    Init( );
    for (; ;)
    {
        LineData(data);

        // 左黑右白，前进
        if (data[0] < LEFT && data[1] > RIGHT)
        {
            MotorDir(FWD, FWD);
            MotorSpeed(200, 200);
        } /* end of if (data[0] < LEFT && data[1] > RIGHT) */

        // 左黑右黑，右转
        if (data[0] < LEFT && data[1] < RIGHT)
        {
            MotorDir(FWD, RWD);
            MotorSpeed(200, 200);
        } /* end of if (data[0] < LEFT && data[1] < RIGHT) */

        // 左白右白，左转
        if (data[0] > LEFT && data[1] > RIGHT)
        {
            MotorDir(RWD, FWD);
            MotorSpeed(200, 200);
        } /* end of if (data[0] > LEFT && data[1] > RIGHT) */
    } /* end of for (; ;) */
    return 0;
}
```

模块三参考代码：

```
/***********************************************************************
* 版权所有(C)2010，XX学院。
* 文件名称：ModuleThree.c
* 内容摘要：纸上任意画一曲线作为轨道，小车沿轨道行驶。
* 当前版本：v1.0
* 作    者：陈伟
* 建立日期：2010年4月2日
* 完成日期：2010年4月2日
***********************************************************************/
# include "car. h"
# define LEFT 100
# define RIGHT 150
```

```
int main(void)
{
    unsigned char i, k, t;
    Init( );
    for (; ;)
    {
        LineData(data);

        // 左黑右黑，前进
        if (data[0] < LEFT && data[1] < RIGHT)
        {
            MotorDir(FWD, FWD);
            MotorSpeed(200, 200);

        } /* end of if (data[0] < LEFT && data[1] < RIGHT) */

        // 左白右黑，右转
        if (data[0] > LEFT && data[1] < RIGHT)
        {
            MotorDir(FWD, RWD);
            MotorSpeed(200, 200);
        } /* end of if (data[0] > LEFT && data[1] < RIGHT) */

        // 左黑右白，左转
        if (data[0] < LEFT && data[1] > RIGHT)
        {
            MotorDir(RWD, FWD);
            MotorSpeed(200, 200);
        } /* end of if (data[0] < LEFT && data[1] > RIGHT) */
    } /* end of for (; ;) */
    return 0;
}
```

11.6　模块测试

测试各模块功能是否符合任务规定，完成《测试报告》。

下面给出《测试报告》参考：

测试报告

测试员：肖雷

测试时间：2010 年 4 月 3 日

模块一测试分析：

功能需求	满足需求	不满足需求	未规定
启动时位于白色区域，则前行	√		
启动时位于黑色区域，则停止	√		
前进途中遇黑色区域，则掉头	√		

测试结论：满足功能规定

模块二测试分析：

功能需求	满足需求	不满足需求	未规定
沿黑白边沿行驶	√		
远离黑白边沿时，能自动回到正确路线	√		

测试结论：满足功能规定

模块三测试分析：

功能需求	满足需求	不满足需求	未规定
沿黑线行驶	√		
脱轨时，能自动回到正确路线	√		

测试结论：满足功能规定

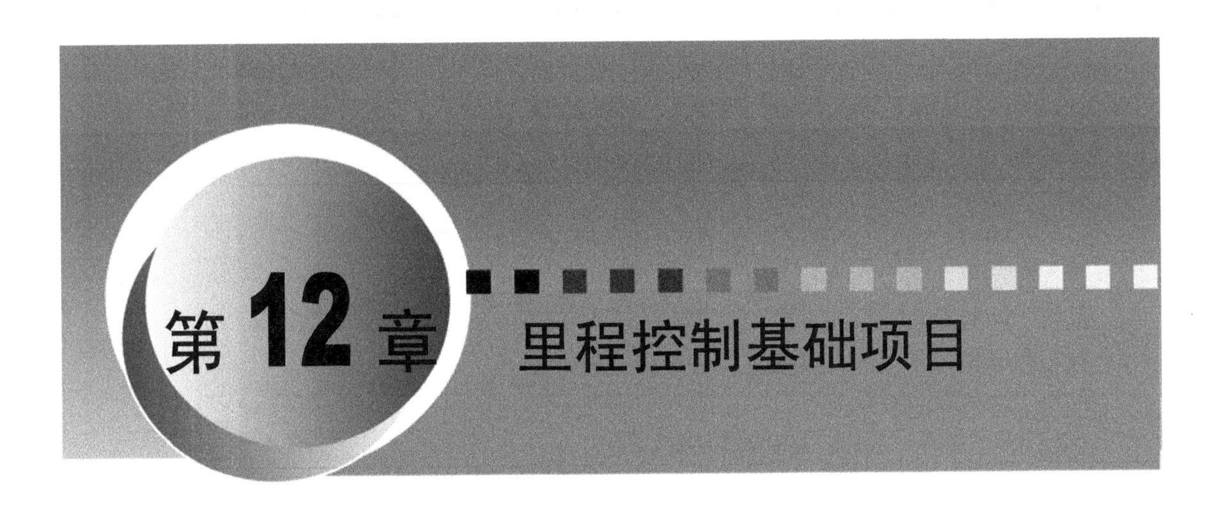

第12章 里程控制基础项目

教学目标

通过本章的学习，使学生掌握里程控制方法，按照模块开发流程完成任务。

教学要求

知识要点	能力要求	关联知识
红外光强感知	掌握红外光强度感知函数的使用	红外光强度感知函数
模块设计	(1) 完成模块设计 (2) 完成《模块设计说明书》	各模块流程设计
光感临界值参数测试	(1) 掌握临界值参数测试方法 (2) 填写《硬件测试记录》	临界值查找方法
程序设计	编程实现各模块功能	编程规范
模块功能测试	(1) 测试各模块功能是否符合任务规定 (2) 完成《测试报告》	模块测试说明文档规范 各模块功能测试

重点难点

✧ 红外光强感知与行驶协同控制

✧ 红外光感临界值参数测试

12.1 任务下达

任 务 书

里程控制包含两个功能模块。

模块一功能要求：

纠正因摩擦力导致的行驶偏差，使小车直线行驶。

模块二功能要求：

实现45°、90°、180°、360°等精确转角。

12.2 红外光强感知函数

红外光强感知函数的原型为：

void OdometrieData(unsigned int *data);

红外发光二极管将光照射到小车齿轮盘上，齿轮盘分为多个黑白扇形区域。此函数用于读取红外光感器从黑白扇形区域接收到的反射光强度值，将强度值存放在一维二元数组data中。

一维二元数组data中的元素data[0]用于存放左侧光感器读取的强度值，元素data[1]用于存放左侧光感器读取的强度值。

反射光的强度最大值为1023，最小值为0。正常情况下这两个极值不会出现，较多的是介于两者之间的值。

例如，以下语句能通过两个红外光感器读取光强度值，并将强度值存放到数组data中。

```
unsigned int data[2];                    // 定义数组
OdometrieData (data);                    // 读取光强度值
```

编程时，是通过光感器了解齿轮盘上的黑白区域交替次数来判断车轮的转数。红外光感器和后灯不能同时使用，否则后灯发出的光会严重干扰光感器工作。

12.3 模块设计

根据各模块功能需求，设计模块流程。下面给出《模块设计说明书》参考：

模块设计说明书

1 引言

1.1 编写目的

编写本说明书的目的在于详细说明里程控制项目 3 个模块的设计流程和相关问题，为后续程序设计与测试工作提供基础。

1.2 背景

项目名称：里程控制

开发团队：……班……队，成员及分工: 陈伟(测试)、肖雷(模块设计)、伍英(程序设计)
团队负责人：肖雷
1.3 术语定义

术　语	说　明
左测程器	左侧红外发光管与红外光感器的总称
右测程器	右侧红外发光管与红外光感器的总称

2 设计说明

2.1 功能规定

模块一：

纠正因摩擦力导致的行驶偏差，使小车直线行驶。

模块二：

实现 45°、90°、180°、360°等精确转角。

2.2 流程设计

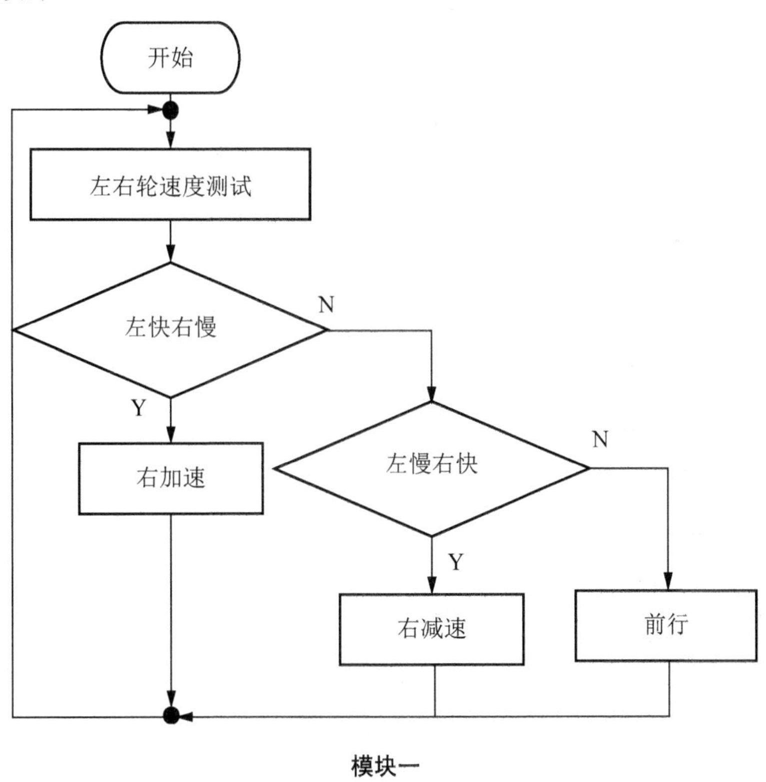

模块一

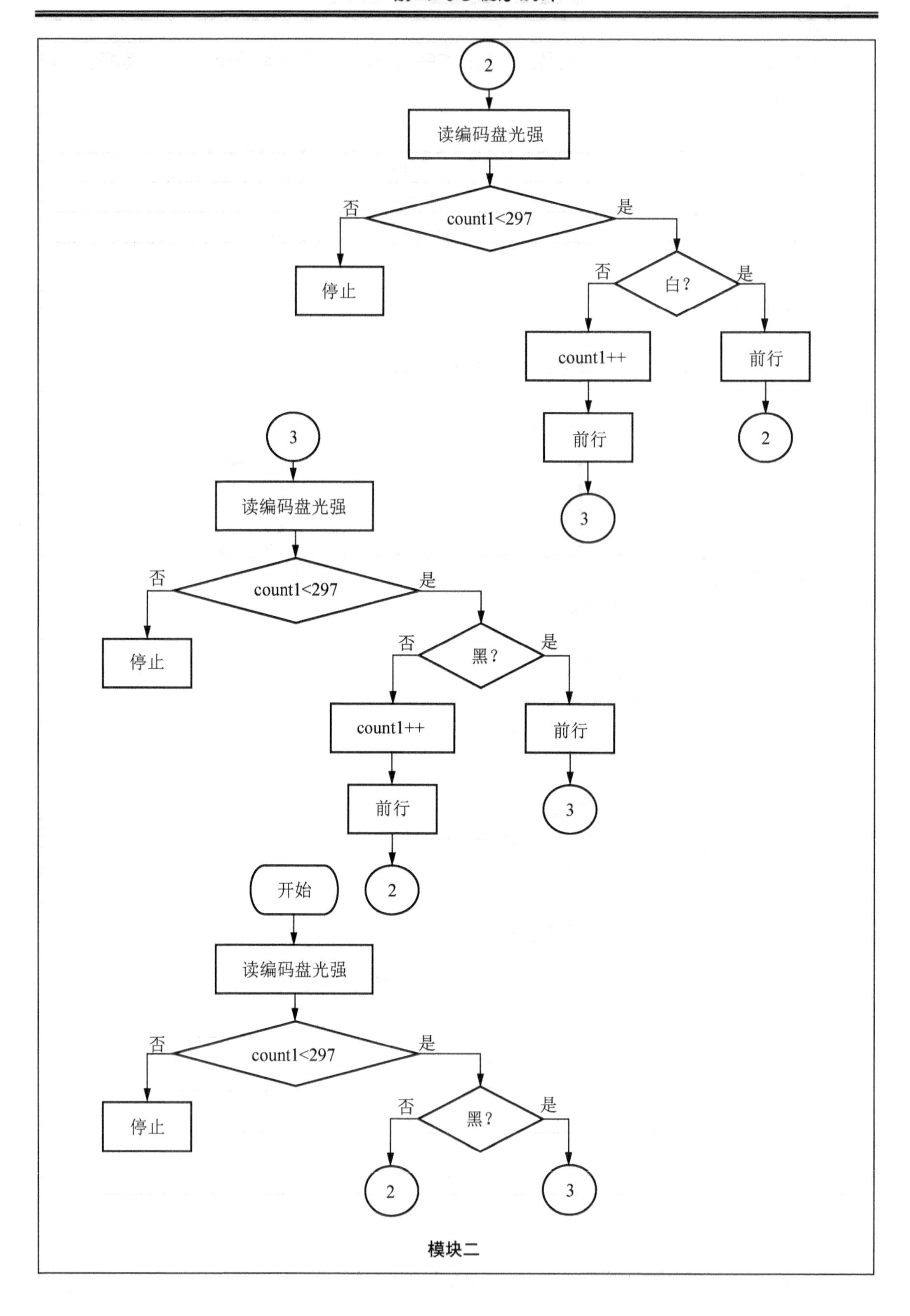
2
读编码盘光强
否
count1<297
是
停止
否
白?
是
count1++
前行
前行
2
3
3
读编码盘光强
否
count1<297
是
停止
否
黑?
是
count1++
前行
前行
3
2
开始
读编码盘光强
否
count1<297
是
停止
否
黑?
是
2
3

模块二

12.4 红外光感临界值参数测试

与光感控制项目中光感临界值参数测试类似，本项目硬件测试的主要目的是测试红外光感临界值参数。

齿轮盘由黑白扇形组成，通过齿轮盘反射的光强度被光感器接收。根据不同强度的反射光切换的次数推算齿轮转动的周数，从而实现计程功能。

下面给出《硬件测试记录》参考：

红外光感临界值参数测试记录

测试对象	红外光感器临界值参数
测试员	陈伟
测试时间	2010 年 4 月 15 日
测试用例	用前灯显示光感器状态。当红外光照射到黑色扇形区域时，前灯亮；照射到白色扇形区域时，前灯灭。

测试代码

```
/* 此测试程序仅用于测试左红外光感器临界值参数 */
# include "SmartCar.h"
# define LEFT 512
int main (void)
{
    unsigned int data[2];
    Init ( );
    for(;;)
    {
        LineData(data);
        if ( data[0] < LEFT)
        {
            FrontLED(ON);
        }
        if ( data[0] > LEFT )
        {
            FrontLED(OFF);
        }
    }
    return 0;
}

/* 此测试程序仅用于测试右红外光感器临界值参数 */
# include "SmartCar.h"
# define RIGHT 512
int main (void)
{
    unsigned int data[2];
```

续表

<table>
<tr><td>测试代码</td><td><pre>
    Init ( );
    for(;;)
    {
        LineData(data);
        if (data[0] < RIGHT)
        {
            FrontLED(ON);
        }
        if (data[0] > RIGHT)
        {
            FrontLED(OFF);
        }
    }
    return 0;
}
</pre></td></tr>
<tr><td>测试结果</td><td>左红外光感器临界值参数为：400
右红外光感器临界值参数为：500</td></tr>
</table>

12.5 程序设计

模块一参考代码：

```
/***********************************************************************
* 版权所有(C)2010，XX学院。
* 文件名称：one. c
* 内容摘要：调整左右车轮转速不一致问题，使小车走直线。
* 当前版本：v1.0
* 作    者：伍英
* 建立日期：2010年4月16日
* 完成日期：2010年4月16日
***********************************************************************/
# include"SmartCar.h"
int main(void)
{
   Init ( );
   unsigned char speedl = 100;
   unsigned char speedr = 100;
   MotorDir(FWD,FWD);
   MotorSpeed(speedl,speedr);
   for(;;)
   {
       unsigned int data[2];
       unsigned int i;
       count1=0;
       count2=0;
       for (i = 0; i < 255; i++)
```

```
        {
            OdometrieData(data);
            if(data[0] < 512) count1++;
            if(data[1] < 512) count2++;
        }/* end of for (i = 0; i < 255; i++) */

        if ( count1 > count2 + 4)
        {
            speedr++;
            BackLED(OFF,ON);
        }/* end of if (count1 > count2 + 4) */

        else if (count2 > count1+ 4)
        {
            speedl++;
            BackLED(ON,OFF);
        }/* end of else if (count2 > count1+ 4) */

        if (speedl > 200)
        {
            speedl --;
        }/* end of if (speedl > 180) */

        if (speedr > 200)
        {
            speedr --;
        }/* end of if (speedr > 180) */

        MotorDir(FWD,FWD);
        MotorSpeed(speedl,speedr);
    }/* end of for(;;) */
}
```

模块二参考代码：

```
/***********************************************************************
* 版权所有(C)2010，XX学院。
* 文件名称：two. c
* 内容摘要：转 90°角。
* 当前版本：v1.0
* 作    者：伍英
* 建立日期：2010年4月17日
* 完成日期：2010年4月17日
***********************************************************************/
# include "SmartCar.h"
void now_white(void);  // 函数声明
void now_black(void);  // 函数声明
int count = 0;         // 定义count为编码盘扇形计数器
unsigned int data[2];

void now_white(void)
{
```

```
    if (count < 297)
    {
        OdometrieData( );
        if (data[1] > 512)
        {
            MotorDir(BREAK, FWD);
            MotorSpeed(0, 150);
            now_white( );
        }/* end of if (data[1] > 512) */

        if (data[1] < 512)
        {
            count++;
            MotorDir(FWD, FWD);
            MotorSpeed(150, 150);
            now_black( );
        }/* end of if (data[1] < 512) */
    }
    else
    {
            MotorDir(BREAK, BREAK);
            MotorSpeed(0, 0);
    }
}/* end of void now_white(void) */

void now_black(void)
{
    if (count < 297)
    {
        OdometrieData( );
        if (data[1] < 512)
        {
            MotorDir(FWD, FWD);
            MotorSpeed(150, 150);
            now_black( );
        }/* end of if (data[1] < 512) */

        if (data[1] > 512)
        {
            count++;
            MotorDir(FWD, FWD);
            MotorSpeed(0, 150);
            now_white ( );
        }/* end of if (data[1] > 512) */
    }
    else
    {
            MotorDir(BREAK, BREAK);
            MotorSpeed(0, 0);
    }
}/* end of void now_black(void) */
```

```
int main(void)
{
    Init( );
    MotorDir(FWD, FWD);
    MotorSpeed(0, 150);
    if (count < 297)
    {
        OdometrieData( );
        if (data[1] < 512)
        {
            now_black( );
        }/* end of if (data[1] < 512) */

        if (data[1] > 512)
        {
            now_white( );
        }/* end of if (data[1] > 512) */
    }
    else
    {
        MotorDir(BREAK, BREAK);
        MotorSpeed(0, 0);
    }
}
```

12.6　模块测试

测试报告

测试员：陈伟

测试时间：2010 年 4 月 17 日

模块一测试分析：

功能/性能需求	满足需求	不满足需求	未规定
偏离直线不超过 5cm	√		

测试结论：模块一满足任务规定

模块二测试分析：

功能/性能需求	满足需求	不满足需求	未规定
车轮转动方向	√		
左转 $90^\circ \pm 10^\circ$	√		

测试结论：模块二满足任务规定

教学目标

通过本章的学习，使学生掌握触碰感知控制方法，按照模块开发流程完成任务。

教学要求

知识要点	能力要求	关联知识
触碰状态感知	掌握触碰感知函数的使用	触碰感知函数
模块设计	(1) 完成模块设计 (2) 完成《模块设计说明书》	各模块流程设计
触碰传感器测试	(1) 掌握测试触碰传感器的方法 (2) 填写《硬件测试记录》	触碰传感器测试用例设计 触碰传感器测试分析与故障排除
程序设计	编程实现各模块功能	解决信号失真的编程技巧
模块功能测试	(1) 测试各模块功能是否符合任务规定 (2) 完成《测试报告》	模块测试说明文档规范 各模块功能测试

重点难点

✧ 解决传感器返回信号失真的编程技巧

13.1　任务下达

任 务 书

触碰控制包含 3 个功能模块。

模块一功能要求：

未触碰障碍物时，车前行；遇障碍物则暂停。

模块二功能要求：

未触碰障碍物时，车前行；遇障碍物则永久停止。

模块三功能要求：

车在两个障碍物之间来回触碰。

13.2　相关函数

触碰感知函数的原型为：

```
unsigned char PollSwitch(void);
```

此函数用于读取 6 个触碰传感器的状态并返回一个字节，这个字节就表示了各个传感器的触碰状态。

字节为 8 位二进制数，8 个位与传感器之间的对应关系如图 13.1 所示。

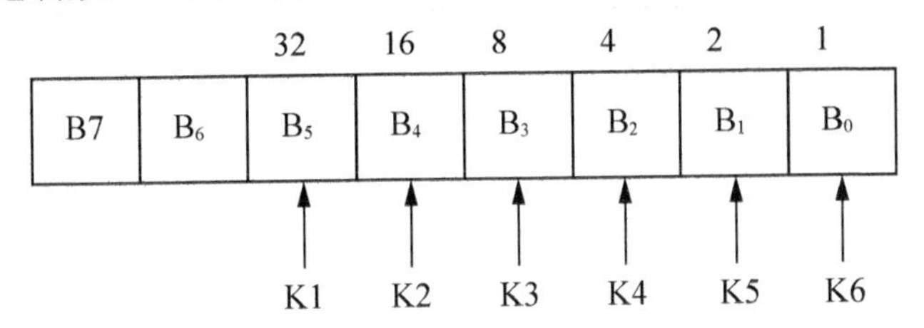

图 13.1　触碰感知函数返回值

8 个位中最高两位无效(值恒为 0)，其余 6 个位与 6 个触碰传感器一一对应。K1 是小车左前方传感器，K6 是小车右前方传感器。

当某个传感器发生触碰时，它对应的图 13.1 中的二进制位为 1；若未触碰，则对应的二进制位为 0。

例如，触碰传感器 K1、K3 和 K5 同时发生触碰，则函数返回 42(32+8+2=42)。

触碰传感器利用电容的充电放电在电路中产生信号 0 或 1，充放电需要一定的时间，因此 PollSwitch 函数往往要多次才能读取到真实的触碰状态。在多次对触碰传感器进行状态读取时，返回值中会有一部分为失真信号(读取到的假状态)。失真信号出现的概率小于 50%，编程时应去伪存真，用真实的返回值来判断小车是否遇见障碍物。

13.3　模块设计

下面给出《模块设计说明书》参考：

模块设计说明书

1 引言

1.1 编写目的

编写本说明书的目的在于详细说明触碰控制项目 3 个模块的设计流程和相关问题，为后续程序设计和测试工作提供基础。

1.2 背景

项目名称：触碰控制

开发团队：……班……队，成员及分工：董鹏(测试)、刘飞(模块设计)、王磊(程序设计)

团队负责人：刘飞

1.3 术语定义

术　语	说　明
K1	左数第一个触碰传感器
K2	左数第二个触碰传感器
K3	左数第 3 个触碰传感器
K4	左数第 4 个触碰传感器
K5	左数第 5 个触碰传感器
K6	左数第 6 个触碰传感器

2 设计说明

2.1 功能规定

模块一：

未触碰障碍物时，车前行；遇障碍物则暂停。

模块二：

未触碰障碍物时，车前行；遇障碍物则永久停止。

模块三：

车在两个障碍物之间来回触碰。

2.2 流程

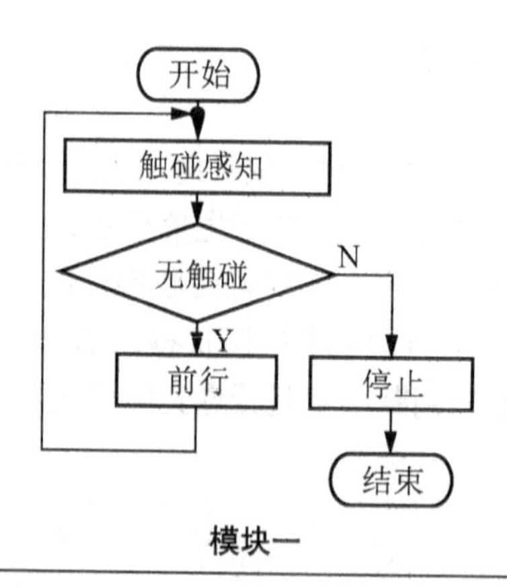

模块一

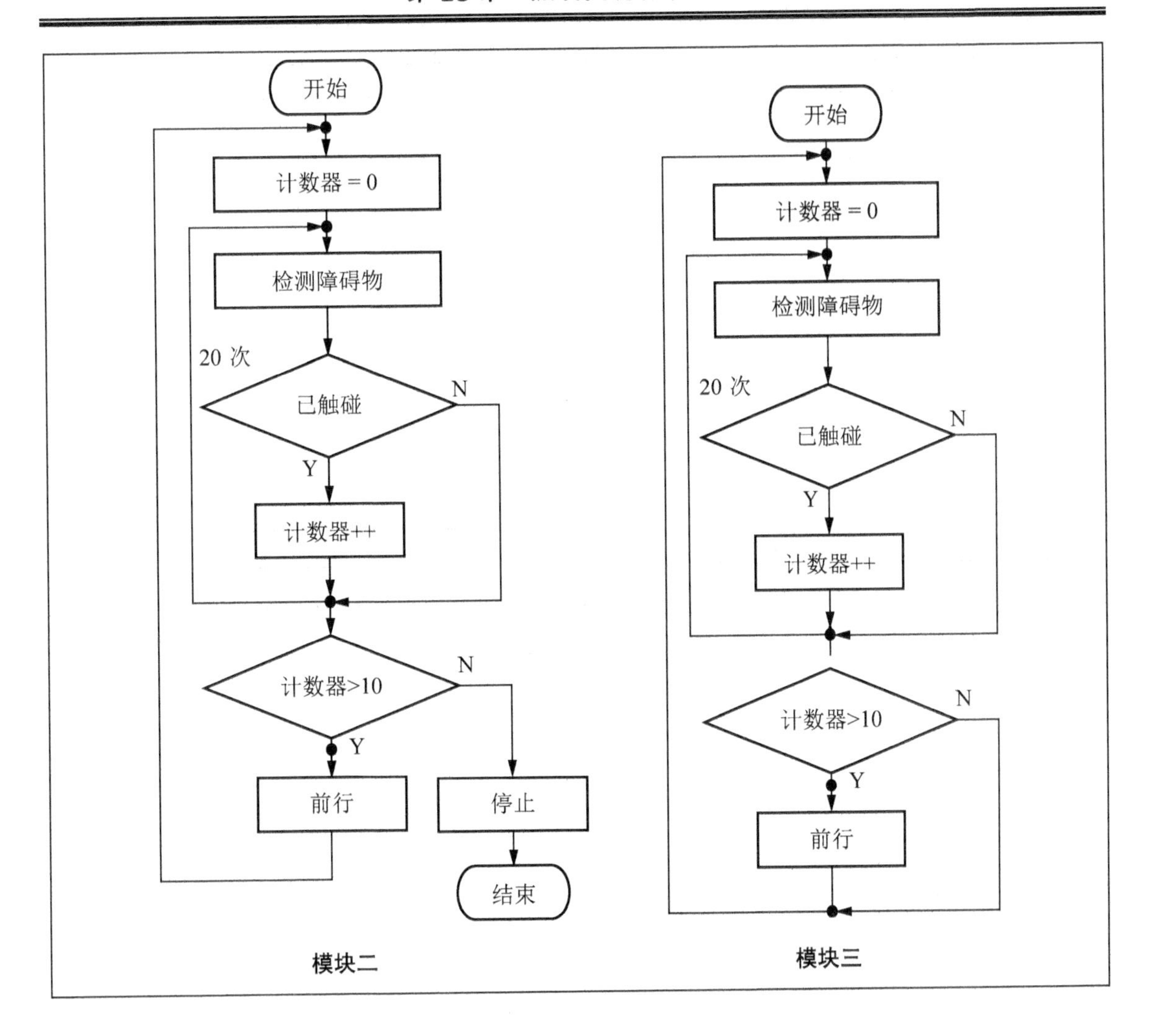

13.4　硬件测试

本项目硬件测试的目的是通过编程测试小车的 6 个触碰传感器是否能正常工作。

下面给出《硬件测试记录》参考：

硬件测试记录

测试对象	6 个触碰传感器
测试员	董鹏
测试时间	2010 年 4 月 20 日
测试用例	任意一个传感器发生触碰，则后灯亮；所有传感器都无触碰，则后灯灭。

测试代码	int main(void)
	{
	　　Init( );
	　　for(;;)
	　　{

续表

测试代码	i = PollSwitch();
	if(i > 0)
	{
	BackLED(ON, ON);
	}
	else
	{
	BackLED(OFF, OFF);
	}
	}
	return 0;
	}

测试结果	传感器正常
故障原因及排除方法	无

13.5 程序设计

模块一参考代码：

```
/**************************************************************************
* 版权所有(C)2010，XX学院。
* 文件名称：touch1. c
* 内容摘要：前行，若遇障碍物原地停止。
* 当前版本：v1.0
* 作    者：王磊
* 建立日期：2010年4月20日
* 完成日期：2010年4月20日
**************************************************************************/
#include "car.h"
int main(void)
{
    unsigned char i;
    Init( );
    for (; ;)
    {
        i = PollSwitch( );
        if (i > 0)
        {
            MotorDir(BREAK, BREAK);
            MotorSpeed(0, 0);
        } /* end of if (i > 0) */
        else
        {
            MotorDir(FWD, FWD);
            MotorSpeed(200, 200);
        } /* end of else */
    } /* end of for (; ;) */
```

```
    return 0;
}
```

模块二参考代码：

```
/************************************************************************
* 版权所有(C)2010，XX 学院。
* 文件名称：touch2. c
* 内容摘要：前行，若遇障碍物永久停止。
* 当前版本：v1.0
* 作    者：王磊
* 建立日期：2010 年 4 月 20 日
* 完成日期：2010 年 4 月 22 日
************************************************************************/
#include"car.h"
int main(void)
{
    unsigned char i, k, t;
    Init( );
    for (; ;)
    {
        for (k = 0, t = 0; t < 20; t++)
        {
            i = PollSwitch( );
            if ( i > 0)
            {
                k++;
            }
        }
        if (k > 10)
        {
            break;
        } /* end of if (k > 10) */
        else
        {
            MotorDir(FWD, FWD);
            MotorSpeed(200, 200);
        } /* end of else */
    } /* end of for (; ;) */
    MotorDir(BREAK, BREAK);
    MotorSpeed(0, 0);
    return 0;
}
```

模块三参考代码：

```
/************************************************************************
* 版权所有(C)2010，XX 学院。
* 文件名称：touch3. c
* 内容摘要：车在两个障碍物间来回触碰。
* 当前版本：v1.0
* 作    者：王磊
* 建立日期：2010 年 4 月 24 日
```

```
* 完成日期：2010年4月24日
***********************************************************************/
#include "car. h"
int main(void)
{
    unsigned char i, k, t;
    Init( );
    for (; ;)
    {
        for (k = 0, t = 0; t < 20; t++)
        {
            i = PollSwitch( );
            if ( i > 0)
            {
                k++;
            }
        }
        if (k > 10)
        {
            break;
        } /* end of if (k > 10) */
        else
        {
            MotorDir(FWD, FWD);
            MotorSpeed(200, 200);
        } /* end of else */
        MotorDir(BREAK, BREAK);
        MotorSpeed(0, 0);
    } /* end of for (; ;) */
    return 0;
}
```

13.6 模块测试

测试报告

测试员：董鹏

测试时间：2010年4月25日

模块一测试分析：

功能/性能需求	满足需求	不满足需求	未规定
启动时若未接触障碍物，则前行	√		
启动时若接触障碍物，则停止不动	√		
前进途中遇障碍物，原地停止	√		
障碍物撤除后继续向前	√		

测试结论：模块一满足任务规定

模块二测试分析：

功能/性能需求	满足需求	不满足需求	未规定
启动时若未接触障碍物，则前行	√		
启动时若接触障碍物，则永久停止		×	
启动后，一旦停止则为永久停止		×	

测试结论：车在触碰障碍物后，有时能停止，有时仍会前进，程序运行多次，每次的情况都可能不同，程序不稳定。

模块三测试分析：

功能/性能需求	满足需求	不满足需求	未规定
启动时若未接触障碍物，则前行	√		
启动时(或前行途中)若接触 K1，动作正确		×	
启动时(或前行途中)若接触 K6，动作正确		×	
启动时(或前行途中)若接触 K2～K5 中的任意一个或多个，动作正确		×	
原地左转、右转角度较准确		×	
延时精确到 0.1 秒			√

测试结论：与模块二相似，运行效果不稳定。请程序员修改

第14章 音乐彩灯应用项目

14.1 应用项目教学概述

经过基础项目阶段的教学，学生能初步了解模块开发的工作流程。在应用项目教学阶段，学生进入虚拟公司，按虚拟公司工作流程完成项目开发。

本教学阶段，学生以团队为单位进行应用项目开发。本阶段培养学生利用软件工程的方法分析和解决问题的能力，指导各个团队完成完整的应用项目开发。教师可以为学生提供技术支持，检查项目完成情况，并适时为学生归纳、总结编程技巧和算法知识。教师通过巡回指导观察学生团队的项目实施情况，要求学生提交相关文档以及编写的程序代码来检验本阶段的教学效果。本阶段教学的重点在于教给学生“一切从实际出发”、“理论联系实际”的编程思想，让学生建立软硬件协同设计思想，树立自信心和成就感。

14.2 项目团队

在应用项目教学阶段，每个团队由需求搜集员、概要设计员、模块设计员、程序员和测试员组成。

程序职责如下：

(1) 需求搜集员须主动向客户搜集需求。每次访问客户必须做好需求记录，需求搜集应当全面、高效、明确。整合需求信息后，撰写《需求说明书》(初稿)。初稿形成后，交管理员(教师)核查。需求确定后，需求搜集员继续完善《需求说明书》。《需求说明书》完成后，交给概要设计员。需求搜集员不参与后续的开发过程。

(2) 概要设计员根据《需求说明书》对项目进行概要设计，划分开发模块，撰写《概要设计说明书》(初稿)。初稿形成后，交管理员(教师)审核。审核通过后，概要设计员继续完善《概要设计说明书》。《概要设计说明书》完成后，交给模块设计员，由模块设计员进行各模块详细设计。

(3) 模块设计员根据《概要设计说明书》对各模块进行详细设计，撰写《模块设计说明书》。

模块设计的方法及流程在基础项目阶段有详细的介绍，此处不再赘述。

(4) 程序员按照《模块设计说明书》的流程进行程序设计，实现各模块功能并完成基本自测。程序设计过程中，可根据需要进一步划分程序模块。程序应当具有良好的可读性。

(5) 测试员针对关键性能问题，对模块/项目作品进行测试，修改程序中影响执行效率和准确度的关键语句或参数(测试点)。模块测试时，若发现故障，可请程序员协助排除故障；集成测试时发现故障，可请程序员、模块设计员和概要设计员协助排除故障，直至作品满足项目需求。

14.3　需求搜集

城市建设中必不可少的一项内容便是“灯光工程”。绚丽的霓虹灯为都市的夜晚增添了活力；漂亮的霓虹灯动画为城市建设、企业宣传立下汗马功劳；舞台上闪烁的旋律更是牵动了人们的心。彩灯是一项与生活中的实际应用紧密联系的开发任务，我们将此作为本阶段的第一个项目。

学生团队收到开发任务后，需求搜集员尽快向客户搜集需求信息。需求搜集员每次搜集需求信息后要仔细整理需求信息，准确理解客户需求，制定下一次需求搜集目标。经过多次需求搜集，得到确定的，完整的需求信息。

需求信息搜集完整后，需求搜集员撰写《需求说明书》。

下面给出《需求说明书》参考：

需求说明书

1 引言

1.1 编写目的

本文通过描述音乐彩灯项目提出的客户需求，为后续的概要设计、详细设计、程序设计及测试工作提供基础。

1.2 背景

项目名称：音乐彩灯

项目团队：……班……队

负责人：……

2 项目概述

2.1 目标

以歌曲“征服天堂”为配乐，设计灯光效果。

2.2 约束

至××年×月×日×时前必须完成任务。提交所有文档及作品。

3 需求规定

3.1 对功能的规定

取歌曲的一分钟为背景音乐。设计灯光效果。

3.2 对性能的规定

灯光闪烁与音乐合拍，有节奏感。

3.3 故障处理要求

无

14.4 需求确认

项目团队与客户之间就需求问题达成一致意见后，由团队负责人撰写《需求承诺书》，并携《需求说明书》(终稿)与客户双方在《需求承诺书》上签字。

以下是《需求承诺书》参考：

音乐彩灯项目需求承诺书

本《需求说明书》建立在双方对需求的共同理解基础之上，双方同意后续的开发工作根据该《需求说明书》开展。原则上不允许需求发生变化。若需求发生变化，将按照“需求变更控制规程”执行。客户明白需求的变更将导致双方重新协商成本、资源和进度等。

开发方负责人签字：

×年×月×日

客户方负责人签字：

×年×月×日

《需求承诺书》签定后，团队负责人将《需求说明书》交予概要设计员。

14.5 概要设计

概要设计员根据项目需求进行概要设计，撰写《概要设计说明书》(初稿)交管理员审核。管理员研究概要设计的正确性、合理性。由概要设计员对《概要设计说明书》进行修改直至审核通过。

概要设计员对开发任务进行模块划分，规定各模块接口，确定模块设计员、程序员、测试员分工。

以下给出《概要设计说明书》参考：

概要设计说明书

1 引言

1.1 编写目的

编写本概要设计说明书的目的是为后续详细设计、测试工作提供基础和依据。

1.2 背景

项目名称：音乐彩灯

项目团队：……班……队

负责人：……

2 总体设计

2.1 结构分析

音乐时间 00:00～00:10 为第 1 模块。

第 1 模块由 5 次循环组成，每次循环要完成……

音乐时间 00:10～00:30 为第 2 模块。

第 2 模块由……组成，每次循环要完成……

音乐时间 01:00～01:20 为第 3 模块。

第 3 模块由……组成，每次循环要完成……

……

2.2 系统流程

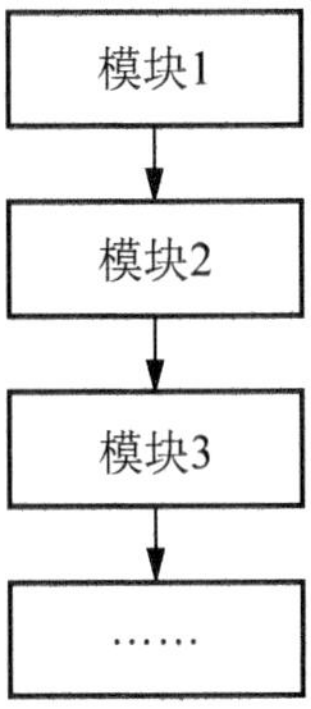

模块1 → 模块2 → 模块3 → ……

系统流程图

2.3 程序结构

```
// 模块 1，10 秒
void first(void)
{}
// 模块 2，20 秒
void second(void)  // 模块 2
{}
// 模块 3，…秒
void third(void)
{}
……  //更多模块
// 主函数
int main(void)
{
    Init( );
    first( );
    second( );
    third( );
    ……
    return 0;
}
```

14.6　详细设计

概要设计后完成，各模块设计员进行模块的详细设计。本项目各模块的设计以行驶控制和里程控制基础项目为基础。

《模块设计说明书》的写作规范在基础项目教学阶段已有详细介绍，此处不再赘述。

以下给出音乐彩灯项目《模块设计说明书》文档框架作为撰写参考：

音乐彩灯项目详细设计说明书

1 引言

1.1 编写目的

编写本说明书的目的在于详细说明音乐彩灯项目的设计流程和主要问题，为后续模块测试工作提供基础。

1.2 背景

项目名称：音乐彩灯

项目团队：……班……队

负责人：……

2 模块 1 设计说明

2.1 功能

音乐时间 00:00～00:10 为第 1 模块。

第 1 模块由 5 次循环组成，每次循环要完成……

2.2 流程

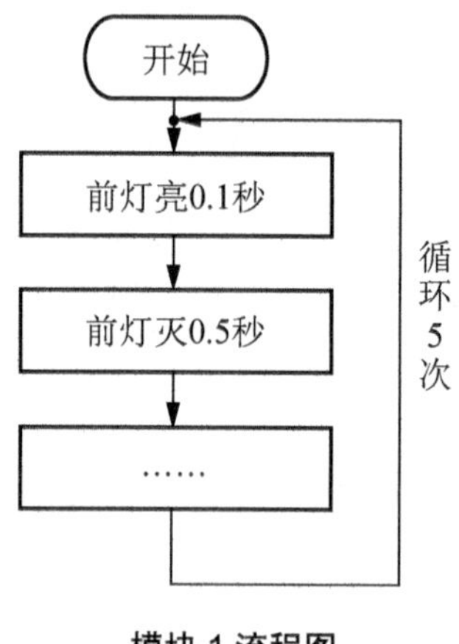

模块 1 流程图

3 模块 2 设计说明

……

4 模块 3 设计说明

……

模块设计完成后，各模块程序员按照《模块设计说明书》内容进行程序设计。程序员在完成了程序代码编写后必须进行单元测试以保证代码质量。

14.7 测　　试

各模块程序设计及单元测试完成后，测试员对模块功能进行测试，撰写测试报告。各模块测试通过后，进行作品的集成测试，并在测试报告中加入集成测试结论。

以下给出《测试报告》文档框架作为撰写参考：

测试报告

模块一测试分析：

测试员：XXX

测试时间：XXX

功能/性能需求	满足需求	不满足需求	未规定
模块用时 10 秒			
循环次数为 5 次			
每次循环中，前灯亮……秒，灭……秒			
……			

测试结论：

模块二测试分析：

测试员：XXX

测试时间：XXX

功能/性能需求	满足需求	不满足需求	未规定
模块用时 20 秒			
循环次数为 8 次			
每次循环中，……			
……			

测试结论：

模块三测试分析：

测试员：XXX

测试时间：XXX

功能/性能需求	满足需求	不满足需求	未规定
模块用时 10 秒			
循环次数为 5 次			
每次循环中，……			
……			

测试结论：

……

集成测试结论：项目作品满足客户需求。

15.1 需求搜集与确认

本项目需求搜集的主要目的是明确小车舞蹈配乐及舞蹈时间。

以下给出《需求说明书》参考：

需求说明书

1 引言

1.1 编写目的

本文通过描述小车舞蹈项目提出的客户需求，为后续的概要设计、详细设计、程序设计及测试工作提供基础与约束。

1.2 背景

项目名称：小车舞蹈

项目团队：……班……队

负责人：……

2 项目概述

2.1 目标

以歌曲“……”为配乐为小车编舞。

2.2 约束

至××年×月×日×时前必须完成任务。提交所有文档及作品。

3 需求规定

3.1 对功能的规定

取歌曲的前两分钟作为机器舞背景音乐。舞蹈时间为两分钟。

3.2 对性能的规定

动作与音乐合拍，动作有节奏感。

3.3 故障处理要求

无

《需求说明书》经管理员审核通过后，由团队负责人撰写《需求承诺书》，并携《需求说明书》(终稿)与客户双方在《需求承诺书》上签字。

15.2　概要设计

以下给出本项目《概要设计说明书》参考：

概要设计说明书

1 引言

1.1 编写目的

编写本概要设计说明书的目的是为后续详细设计、程序设计和测试工作提供基础和依据。

1.2 背景

项目名称：小车舞蹈

项目团队：……班……队

负责人：……

2 总体设计

2.1 结构分析

音乐时间 00:00～00:20 为第 1 模块，以 S 型出场。

第 1 模块节奏比较柔和，可分为 8 段，每段时间长度为 2.5 秒。每段一个基本动作，第 1 模块总共出现 8 个基本动作。基本动作路线如图 1 所示，模块 1 组合动作路线如图 2 所示。

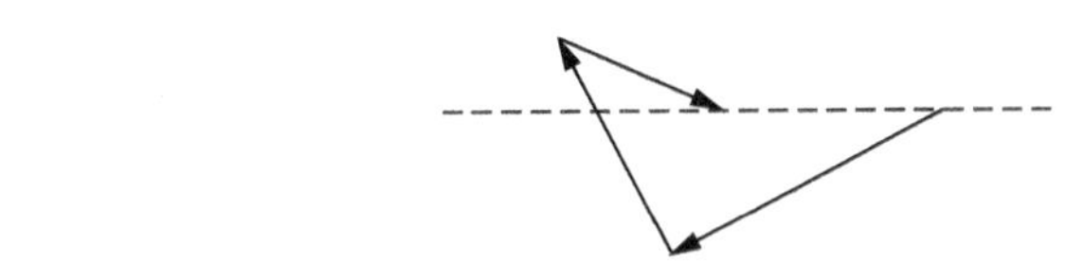

图 1　模块 1 基本路线

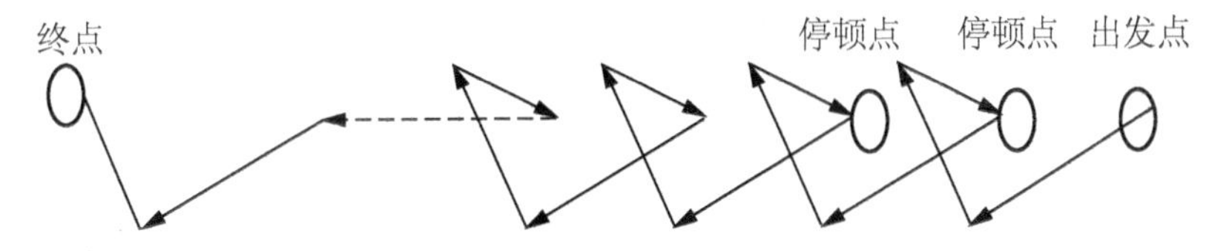

图 2　模块 1 组合路线

图 2 中，出发点、终点以及每段基本路线的停顿点尽量在一条直线上。

音乐时间 00:20～01:00 为第 2 模块，节奏与第 1 模块相同，每段为 2.5 秒。本模块用 16 角星路线(顺时针运动)实现，如图 3 所示。

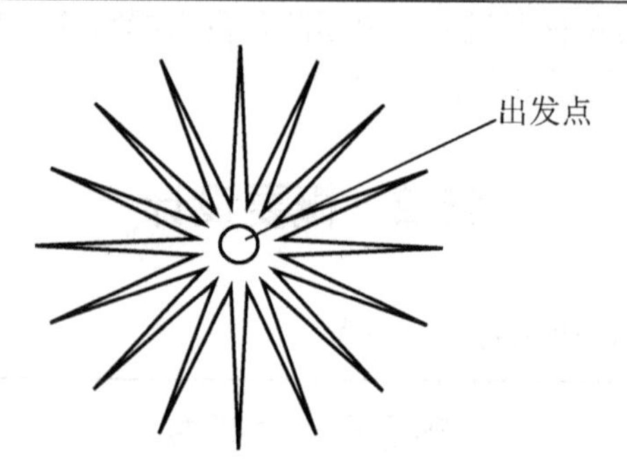

图3　模块2路线

音乐时间01:00～01:20为第3模块，分为8段，用如图4(8个螺线首尾相连，顺时针运动)所示路线实现。

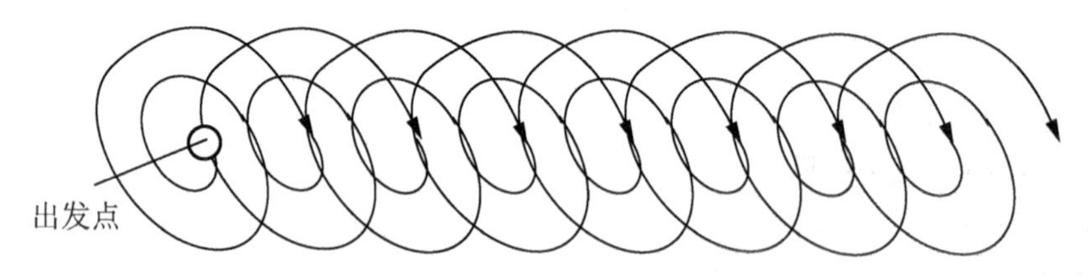

图4　模块3路线

音乐时间01:20～01:40为第4模块。分为8段，用8个心形实现。

图5　模块4路线

音乐时间01:40～02:00为第5模块。以S形路线退场。

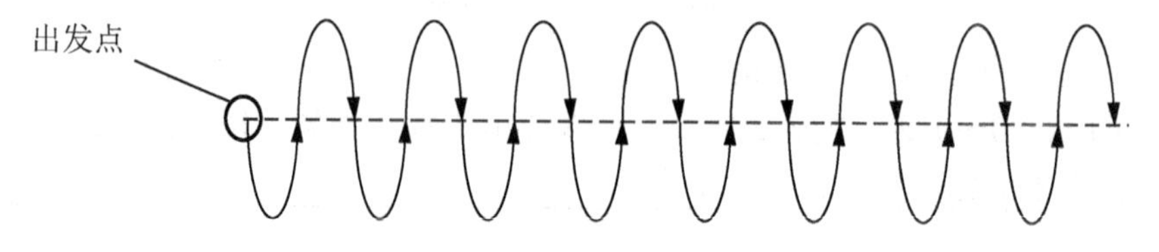

图6　模块5路线

2.2 系统流程(图 7)

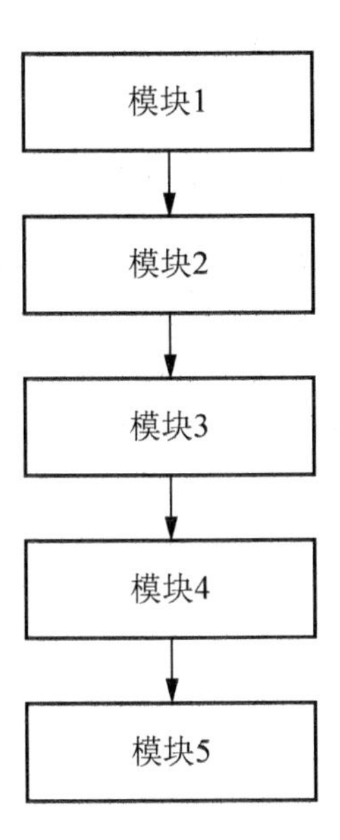

图 7 系统流程

2.3 程序结构

```
// 模块 1，8 个基本动作，20 秒
void first(void)
{}
// 模块 2，16 角星，顺时针，40 秒
void second(void) // 模块 2
{}
// 模块 3，8 个螺线首尾相连，20 秒
void third(void)
{}
// 模块 4，8 个心形，顺时针，20 秒
void fourth(void)
{}
// 模块 5，8 个 S 形，20 秒
void fifth(void)
{}
// 主函数
int main(void)
{
    Init( );
    first( );
    second( );
    third( );
    fourth( );
    fifth( );
    return 0;
}
```

15.3 详细设计

以下给出《模块设计说明书》中模块一内容作为设计参考：

小车舞蹈项目详细设计说明书

1 引言

1.1 编写目的

编写本说明书的目的在于详细说明小车舞蹈项目的设计流程和主要问题，为后续程序设计及测试工作提供基础。

1.2 背景

项目名称：小车舞蹈

项目团队：……班……队

负责人：……

2 模块 1 设计说明

2.1 功能

20 秒内行驶 8 个基本动作，基本动作为：

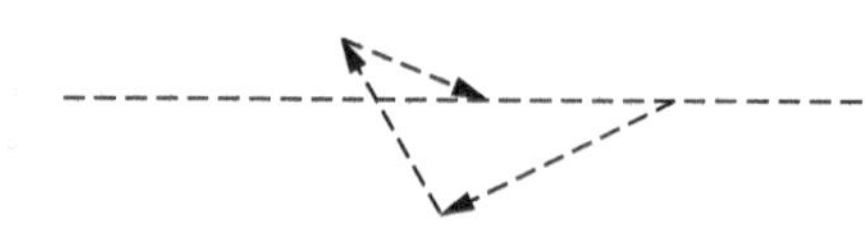

图 1 模块 1 基本路线

2.2 算法

每个基本动作用时为 2.5 秒，为体现节奏感，将 2.5 秒中的最后 0.5 秒作为停顿的时间。前 2 秒内路线一长两短，分别用 1 秒、0.5 秒、0.5 秒。每条路径设置 0.2 秒转向时间。

延时参数及循环次数取为：

时　长	参数	循环次数
0.8 秒	Sleep(72)	800
0.2 秒	Sleep(72)	200
0.5 秒	Sleep(72)	500
0.3 秒	Sleep(72)	300

2.3 流程逻辑

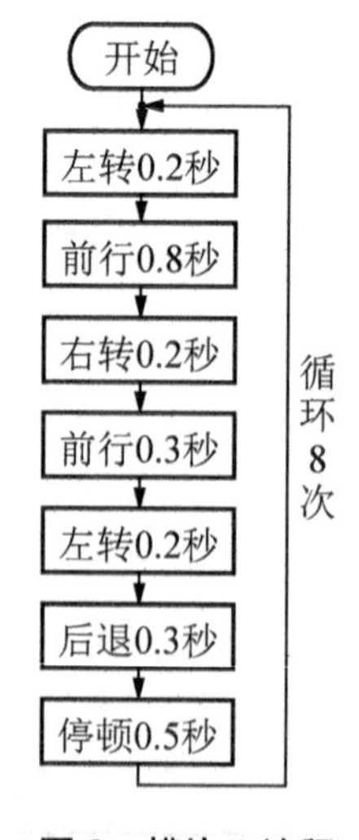

图 2 模块 1 流程

2.4 尚未解决的问题

模块设计完成后，各模块程序员按照《模块设计说明书》内容进行程序设计。程序员在完成了程序代码编写后必须进行单元测试以保证代码质量。

15.4 测　　试

各模块程序设计及单元测试完成后，测试员对模块功能进行测试，撰写测试报告。各模块测试通过后，进行作品的集成测试，并在测试报告中加入集成测试结论。

以下给出《测试报告》中模块一测试内容作为参考：

测试报告

模块一测试分析：

测试员：XXX

测试时间：XXX

功能需求	满足需求	不满足需求	未规定
总用时 20 秒			
8 个基本动作循环构成			
出发点、终点以及每段基本路线的停顿点尽量在一条直线上			
与音乐实际播放时节拍吻合			

测试结论：

……

16.1 需求搜集与确认

迷宫机器人是一项非常彰显小车智能化的项目，观赏性很强，经常作为机器人比赛项目，在道路探测方面的应用也十分广泛。

学生团队要面对的是一个形状、规模皆未知的迷宫。需求搜集的主要目的是明确迷宫入口、出口数量和迷宫内道路的宽度。

以下给出《需求说明书》参考：

需求说明书

1 引言

1.1 编写目的

本文通过描述迷宫机器人项目提出的客户需求，为后续的概要设计、详细设计、程序设计和测试工作提供基础与约束。

1.2 背景

项目名称：迷宫机器人

项目团队：……班……队

负责人：……

2 项目概述

2.1 目标

小车从迷宫入口进入，自动找出口。

2.2 约束

至××年×月×日×时前必须完成任务。提交所有文档及作品。

3 需求规定

小车从迷宫入口进入，探索迷宫道路，自动找出口。

入口数量：1

出口数量：1
迷宫内道路宽度：40cm

《需求说明书》经管理员审核通过后，由团队负责人撰写《需求承诺书》，并携《需求说明书》(终稿)与客户双方在《需求承诺书》上签字。

16.2　概要设计

团队成员可根据需求信息中关于迷宫的数据做一个迷宫模型，以其为试验道具进行项目设计。

图 16.1 是学生团队制作的迷宫形状。

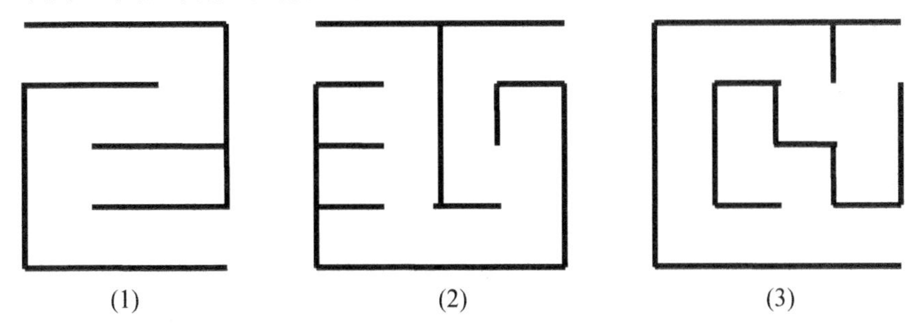

图 16.1　学生自制迷宫形状

设计走迷宫的方法是本项目开发的关键，最终采用的方法必须在团队内经过讨论之后产生。

在学生讨论得出的诸多走迷宫方法中，效率最高、最易实现的是弧形探路、主动碰墙的方法，如图 16.2 所示。

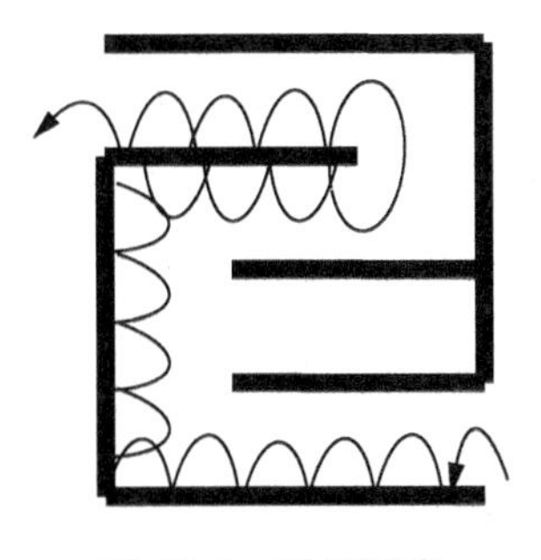

图 16.2　弧线探路

小车在迷宫内行走时，可能与墙之间呈多种角度碰撞，如图 16.3 所示。

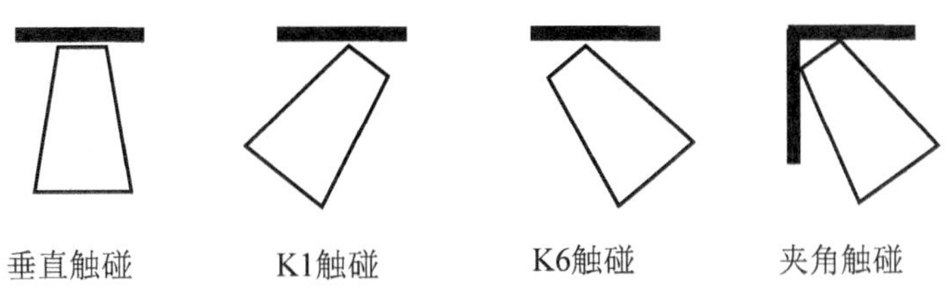

图 16.3　小车与墙的多种触碰情况

针对不同的碰撞角度，应采取不同的行走策略。各种行走策略即可作为项目的各个模块。

以下给出本项目《概要设计说明书》参考：

概要设计说明书

1 引言

1.1 编写目的

编写本概要设计说明书的目的是为后续详细设计、程序设计和测试工作提供基础和约束。

1.2 背景

项目名称：迷宫机器人

项目团队：……班……队

负责人：……

2.总体设计

2.1 结构分析

小车在迷宫内，未碰墙时弧线前行。

模块 1：当小车与墙面垂直触碰时，掉头×角度。

模块 2：当小车与墙面以触碰传感器 K1 触碰时，掉头×角度。

垂直触碰

图 1　模块 1 触碰角度

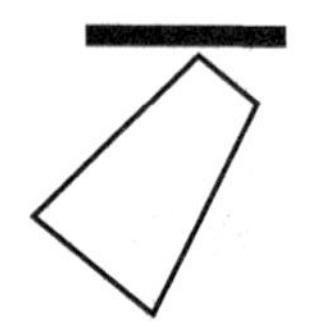

K1触碰

图 2　模块 2 触碰角度

模块 3：当小车与墙面以触碰传感器 K6 触碰时，掉头×角度。

模块 4：当小车与墙面夹角触碰时，掉头×角度。

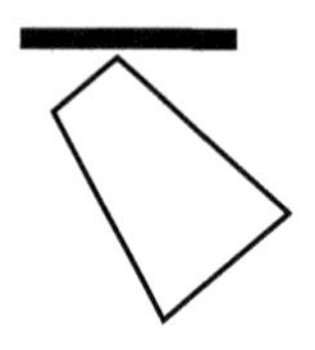

K6触碰

图 3　模块 3 触碰角度

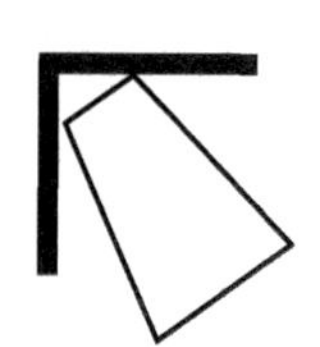

夹角触碰

图 4　模块 4 触碰角度

2.2 程序总体结构

```
// 模块 1，垂直触碰时行走策略
void touch_K2_K5(void)
{}

// 模块 2，K1 触碰时行走策略
void touch_K1(void)
{}
```

```
// 模块 3，K6 触碰时行走策略
void touch_K6(void)
{}

// 模块 4，K1 和 K6 同时触碰时行走策略
void touch_K1_and_K6(void)
{}

    // 主函数
    int main(void)
    {
    unsigned char touch, t, j, k, q, s, w;
    Init( );
    for (;;)
    {
        for (t = j = k = q = s = 0; t < 20; t++)
        {
            i = PollSwitch;
            if (i == 0)
            {
                j++;
            }/* end of if (i==0) */

            if (i==1)
            {
                k++;
            }/* end of if (i==1) */

            if (i==32)
            {
                q++;
            }/* end of if (i==32) */

            if (i > 1 && i < 32)
            {
                s++;
            }/* end of if (i > 1 && i < 32) */
        }/* end of for (t = j = k = q = s = 0; t < 20; t++) */

        if (j >10)
        {
                MotorDir(FWD, FWD);
            MotorSpeed(150, 200);
        }/* end of if (j >10) */

        if (k >10)
        {
            touch_K6( );
        }/* end of if (k >10) */

        if (q >10)
```

```
        {
           touch_K1( );
        }/* end of if (q >10) */

        if (s >10)
        {
           touch_K2_K5( );
        }/* end of if (s >10) */

        if (w >10)
        {
           touch_K1_and_K6( );
        }/* end of if (w >10) */
    }/* end of for (;;)*/
    return 0;
}/* end of int main(void)*/
```

本项目各模块详细设计及程序设计以里程控制和触碰控制项目为基础，本章不给出具体内容。

16.3 测　　试

进行模块测试时，主要测试问题是各个模块所实现的掉头角度。模块测试后，将各个模块代码依照《概要设计说明书》整合成完整的源程序，进行集成测试。在测试中出现的问题主要是单步前行距离、圆弧半径大小等。

以下给出《测试报告》参考：

迷宫机器人项目测试报告

模块一测试分析：

测试员：×××

测试时间：×××

功能需求	满足要求	不满足要求	未规定
当小车与墙面垂直触碰时，掉头……角度			

测试结论：

模块二测试分析：

测试员：×××

测试时间：×××

功能需求	满足要求	不满足要求	未规定
当小车与墙面以触碰传感器 K1 触碰时，掉头……角度			

测试结论：

模块三测试分析：

测试员：×××

测试时间：×××

功能需求	满足要求	不满足要求	未规定
当小车与墙面以触碰传感器 K6 触碰时，掉头……角度			

测试结论：

模块四测试分析：

测试员：×××

测试时间：×××

功能/性能要求	满足要求	不满足要求	未规定
当小车与墙面夹角触碰时，掉头……角度			

测试结论：

集成测试分析：

测试员：×××

测试时间：×××

功能/性能要求	满足要求	不满足要求	未规定
小车自动探索迷宫出口			

测试结论：

17.1 需求搜集

智能清障项目是对触碰控制和光感控制的综合应用。此项目极具观赏性，在机器人大赛中多次设有此项目。另外，智能清障是智能吸尘器等智能家电的原型项目，十分具有开发意义。

本项目需求信息的获取一方面来自客户，另一方面来自各届机器人大赛中已有的同类项目。需求搜集员不仅要与客户交流，还需要到网上观看机器人比赛中的智能清障项目视频，从中得到需求信息。

以下给出《需求说明书》参考：

需求说明书

1 引言

1.1 编写目的

本文通过描述智能清障项目提出的客户需求，为后续的概要设计、详细设计、程序设计及测试工作提供基础与约束。

1.2 背景

项目名称：智能清障

项目团队：……班……队

负责人：……

1.3 术语定义

术　语	说　明
障碍物	内装小石子的纸杯

2 项目概述

2.1 目标

在有限时间内自动清除给定范围内的障碍物。

2.2 约束

至××年×月×日×时前必须完成任务。提交所有文档及作品。

3 需求规定

3.1 对功能的规定

给定范围：直径 1m 的圆。

障碍物：纸杯(内装小石子)10 个。

用一台小车，在一分钟内将障碍物尽量多地推到给定范围之外。

3.2 对性能的规定

一分钟内至少清除 7 个障碍物。

不允许将纸杯推倒。

《需求说明书》经管理员审核通过后，由团队负责人撰写《需求承诺书》，并携《需求说明书》(终稿)与客户双方在《需求承诺书》上签字。

17.2　概要设计

以下给出本项目《概要设计说明书》参考：

概要设计说明书

1 引言

1.1 编写目的

编写本概要设计说明书的目的是为后续详细设计、程序设计和测试工作提供基础和依据。

1.2 背景

项目名称：智能清障

项目团队：……班……队

负责人：……

2 总体设计

2.1 系统流程设计(图 1)

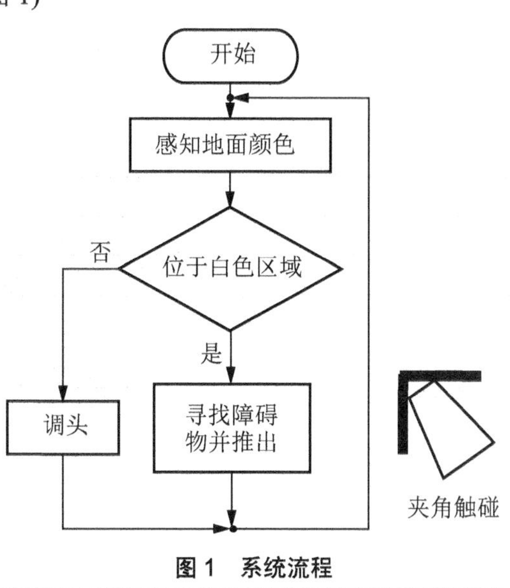

图 1　系统流程

2.2 程序结构

```
#define  LEFT        // 定义左光感器临界值
#define  RIGHT       // 定义右光感器临界值
void In_Round(void)
{

}/* end of void In_Round(void) */

void Touch_Round(void)
{

}/* end of void Touch_Round(void) */

int main(void)
{
    unsigned int data[2];
    Init( );
    for (;;)
    {
        LineData( );

        // 车在白色区域内，尽快寻找障碍物并推出
        if (data[0] > LEFT && data[1] > RIGHT)
        {
            In_Round( );   // 调用自定义函数
        }

        // 车踩到黑线，掉头
        else
        {
            Touch_Round( );// 调用自定义函数
        }
    }/* end of for(;;) */
}/* end of int main(void) */
```

2.3 模块功能汇总

模块	模块组成	模块功能
模块 1	In_Round 函数	白色区域内寻找障碍物并推出
模块 2	Touch_Round 函数	遇黑色边界时掉头

2.4 尚未解决的问题

小车两个光感器的临界值待确定后分别赋值给常量 LEFT 和 RIGHT。

17.3　详细设计

以下给出《模块设计说明书》参考：

智能清障项目详细设计说明书

1 引言

1.1 编写目的

编写本说明书的目的在于详细说明智能清障项目两个模块的设计流程和相关问题，为后续程序设计及测试工作提供基础。

1.2 背景

项目名称：智能清障

项目团队：……班……队

负责人：……

2 模块 1 设计说明

2.1 功能、性能

车在白色区域内时，自动寻找障碍物并将障碍物推出给定范围。

2.2 流程逻辑

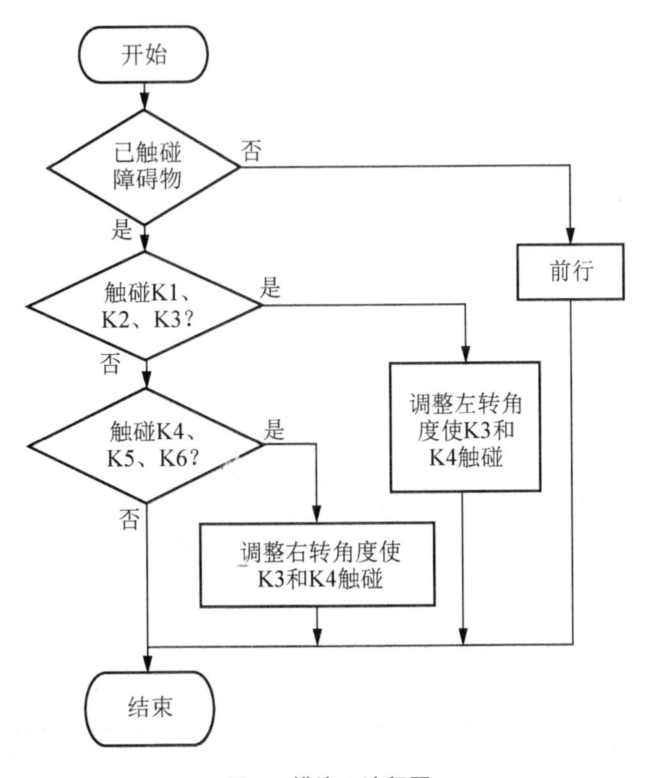

图 1　模块 1 流程图

3 模块 2 设计说明

3.1 功能、性能

小车遇黑线时，掉头。

3.2 算法

模块2的算法主要是考虑如何设计小车掉头的角度以使小车能遍历整个给定的范围。

3.3 流程逻辑

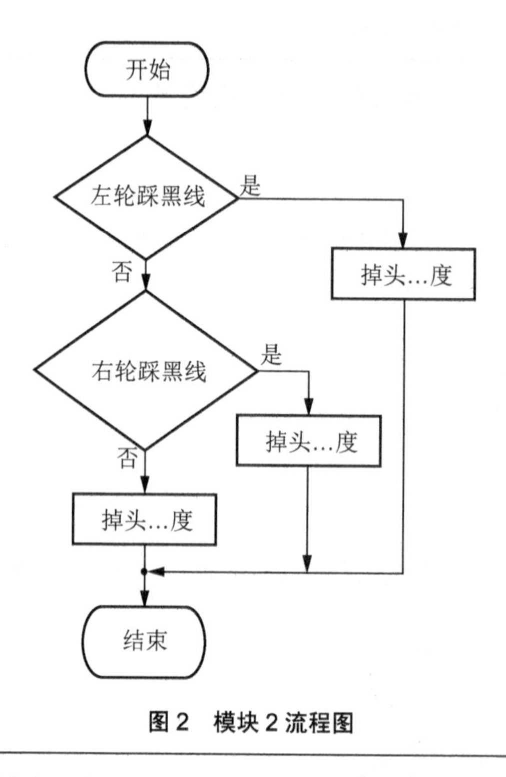

图2 模块2流程图

模块设计完成后，各模块程序员按照《模块设计说明书》内容进行程序设计。程序员在完成了程序代码编写后必须进行单元测试以保证代码质量。

17.4 测　　试

进行模块测试时，主要测试问题是各个模块所实现的调头角度。模块测试后，将各个模块代码依照《概要设计说明书》整合成完整的源程序，进行集成测试。

以下给出《测试报告》参考：

智能清障项目测试报告

模块一测试分析：

测试员：×××

测试时间：×××

功能需求	满足要求	不满足要求	未规定
白色区域，未接触障碍时前进			
白色区域，单独触碰K1时调整角度左转			
白色区域，单独触碰K2时调整角度左转			

续表

功能需求	满足要求	不满足要求	未规定
白色区域，单独触碰 K3 时调整角度左转			
白色区域，单独触碰 K4 时调整角度右转			
白色区域，单独触碰 K5 时调整角度右转			
白色区域，单独触碰 K6 时调整角度右转			
白色区域，同时触碰 K3 和 K4 时，前行			

测试结论：

模块二测试分析：

测试员：×××

测试时间：×××

功能需求	满足要求	不满足要求	未规定
左黑右白，顺时针掉头……度			
左白右黑，顺时针掉头……度			
左黑右黑，顺时针掉头……度			

测试结论：

集成测试分析：

测试员：×××

测试时间：×××

测试结论：按照规定的运行环境，对项目运行情况做了 10 次测试，每次测试用时一分钟，并记录了小车清除障碍物的个数，并且记录障碍物被推倒的次数。测试结果表明，项目作品满足项目需求。

18.1 拓展项目教学概述

本阶段以市场需求、社会效益、创新研发、团队合作为导向，不拘泥于教师布置的项目，让学生团队自己去探索新应用，发现新问题，确立新项目并完成开发。由教师安排学生到校外进行现有项目产品的推广和市场需求调研，根据市场反馈和调研的结果，各团队进行分析、讨论，提出改进或创新方案，并立项实施。此阶段由教师对立项方案和技术可行性进行把关指导。教学的关键在于将行动导向的项目式教学与市场需求调研相结合，实现面向行业、职业需求的更深层次和更广泛的“行动导向”，充分培养学生的自主学习能力、归纳分析能力、沟通协作能力和团队创新能力。本阶段最后将学生送入企业，由企业工程师指导进行项目实训，让学生真正做到服务企业、服务市场。

18.2 拓展项目开发流程

1. 市场调研

市场调研的时间安排在两个学期之间的寒(暑)假。市场调研的目的是探索智能玩具产品的更多的应用空间、更多的开发潜力。

参与市场调研的形式比较灵活，学生可到智能玩具企业市场部参与部门工作；亦可通过互联网渠道，在企业市场部经理的指导下到各智能玩具市场、店铺进行走访、考察、网上调研。

2. 项目论证与方案设计

智能玩具市场是一个具备巨大发展潜力的市场。通过市场调研，学生必定能发现有开发价值和销售空间的产品，或者自己感兴趣的产品。针对本课程中使用的智能玩具车，必定会涌现出大量的改进或创新思路。拓展项目教学阶段鼓励学生大胆创新，一切有意义的创新想法都有机会得以开发与实现。

有了创新思路，接下来对开发思路加以论证。论证一个项目必须依靠丰富的项目开发经验。

学生对拓展项目的论证需要教师和企业工程师的大力指导。项目论证可回到校内虚拟公司来进行。为了鼓励学生的自主学习和创新精神，论证拓展项目优先考虑项目的可行性，其次考虑项目的开发意义。

当确定一个项目具备开发的可行性后，学生对项目进行初步的方案设计，并将开发方案撰写成开题报告，设计 PPT，准备项目开题。

3. 项目开题

项目开题时，论述项目的可行性、开发意义、开发团队组成与分工、开发进度计划。

许多学生提出了不错的想法，例如，有学生提出以超声波传感器代替触碰传感器实现无触碰的障碍物感知，在兴趣的驱动下，该学生在一个月内主动学习电子电路相关知识并成功对小车传感器部分实现改进；有学生自主开发新的应用项目，如足球机器人、绘图机器人、小车摔跤等；有学生利用小车自带的红外数据接收器和发送器，自主开发双车通信项目；有学生对小车机械传动部分进行改造，实现小车的快速行进。随着课程的开展，相信会有更多、更好的拓展项目被学生开发实现。

4. 项目开发

项目开题通过后，即可进入拓展项目开发阶段，项目开发须按软件开发流程进行。项目开发的各个环节必须撰写有规范的文档。团队各个成员要充分、有效利用课内、课外时间，学习技术资料，合作开发项目。

5. 项目验收

项目结题时，项目团队须提交作品/产品、项目文档。项目主要根据《需求说明书》中对产品功能、性能的规定，《测试报告》中对产品功能、关键性能的测试结果，和产品实际演示效果来进行验收。学生进行作品/产品演示与项目答辩。

18.3　企业实训

自主拓展项目教学结束后，学校组织学生到企业进行实训。根据企业的岗位需要，由企业工程师指导进行真实产品的开发，在企业真实工作环境中学习职业技能。

ASCII值	控制字符	ASCII值	控制字符	ASCII值	控制字符	ASCII值	控制字符
0	NUL	32	(space)	64	@	96	`
1	SOH	33	!	65	A	97	a
2	STX	34	”	66	B	98	b
3	ETX	35	#	67	C	99	c
4	EOT	36	$	68	D	100	d
5	ENQ	37	%	69	E	101	e
6	ACK	38	&	70	F	102	f
7	BEL	39	,	71	G	103	g
8	BS	40	(	72	H	104	h
9	HT	41	)	73	I	105	i
10	LF	42	*	74	J	106	j
11	VT	43	+	75	K	107	k
12	FF	44	,	76	L	108	l
13	CR	45	–	77	M	109	m
14	SO	46	.	78	N	110	n
15	SI	47	/	79	O	111	o
16	DLE	4	0	80	P	112	p
17	DCI	49	1	81	Q	113	q
18	DC2	50	2	82	R	114	r
19	DC3	51	3	83	X	115	s
20	DC4	52	4	84	T	116	t
21	NAK	53	5	85	U	117	u
22	SYN	54	6	86	V	118	v
23	TB	55	7	87	W	119	w
24	CAN	56	8	88	X	120	x
25	EM	57	9	89	Y	121	y
26	SUB	58	:	90	Z	122	z
27	ESC	59	;	91	[	123	{

续表

ASCII 值	控制字符	ASCII 值	控制字符	ASCII 值	控制字符	ASCII 值	控制字符
28	FS	60	<	92	\	124	|
29	GS	61	=	93	]	125	}
30	RS	62	>	94	^	126	~
31	US	63	?	95	—	127	DEL

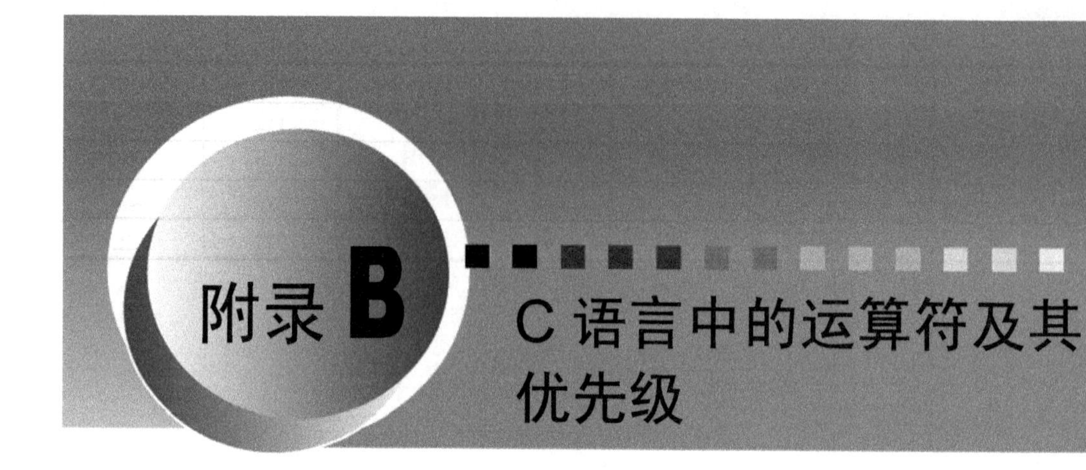

附录 B C 语言中的运算符及其优先级

优先级	运算符	名称或含义	使用形式	结合方向	说明
1	[]	数组下标	数组名[常量表达式]	左到右	
	()	圆括号	（表达式）/函数名(形参表)		
	.	成员选择（对象）	对象.成员名		
	->	成员选择（指针）	对象指针->成员名		
2	-	负号运算符	-表达式	右到左	单目运算符
	(类型)	强制类型转换	(数据类型)表达式		
	++	自增运算符	++变量名/变量名++		单目运算符
	--	自减运算符	--变量名/变量名--		单目运算符
	*	取值运算符	*指针变量		单目运算符
	&	取地址运算符	&变量名		单目运算符
	!	逻辑非运算符	!表达式		单目运算符
	~	按位取反运算符	~表达式		单目运算符
	sizeof	长度运算符	sizeof(表达式)		
3	/	除	表达式/表达式	左到右	双目运算符
	*	乘	表达式*表达式		双目运算符
	%	余数（取模）	整型表达式/整型表达式		双目运算符
4	+	加	表达式+表达式	左到右	双目运算符
	-	减	表达式-表达式		双目运算符
5	<<	左移	变量<<表达式	左到右	双目运算符
	>>	右移	变量>>表达式		双目运算符
6	>	大于	表达式>表达式	左到右	双目运算符
	>=	大于等于	表达式>=表达式		双目运算符
	<	小于	表达式<表达式		双目运算符
	<=	小于等于	表达式<=表达式		双目运算符
7	==	等于	表达式==表达式	左到右	双目运算符
	!=	不等于	表达式!= 表达式		双目运算符

续表

优先级	运算符	名称或含义	使用形式	结合方向	说明
8	&	按位与	表达式&表达式	左到右	双目运算符
9	^	按位异或	表达式^表达式	左到右	双目运算符
10	|	按位或	表达式|表达式	左到右	双目运算符
11	&&	逻辑与	表达式&&表达式	左到右	双目运算符
12	||	逻辑或	表达式||表达式	左到右	双目运算符
13	?:	条件运算符	表达式1? 表达式2: 表达式3	右到左	三目运算符
14	=	赋值运算符	变量=表达式	右到左	
	/=	除后赋值	变量/=表达式		
	*=	乘后赋值	变量*=表达式		
	%=	取模后赋值	变量%=表达式		
	+=	加后赋值	变量+=表达式		
	-=	减后赋值	变量-=表达式		
	<<=	左移后赋值	变量<<=表达式		
	>>=	右移后赋值	变量>>=表达式		
	&=	按位与后赋值	变量&=表达式		
	^=	按位异或后赋值	变量^=表达式		
	|=	按位或后赋值	变量|=表达式		
15	,	逗号运算符	表达式,表达式,…	左到右	从左向右顺序运算

附录C 匈牙利命名法

数据类型	前　缀	举　例
unsigned char	uc 或 by	unsigned char ucFlag; unsigned char byFlag;
char	c	char cCh;
unsigned short	w	unsigned short wYear;
short	n	short nStepCount;
unsigned int	u	unsigned int uNum;
int	i	int iTemp;
unsigned long	ul 或 dw	unsigned long ulResult; unsigned long dwResult;
long	l	long lSum;
bool	b	bool bIsAlpha;
float	f	float fAvg;
double	d	double dAvg;
数组(Array)	a	int aNum[10];
字符串(String)	s 或 sz	char sName[20]; char szName[20];
指针变量(pointer)	p	int *pNum;
结构体	t	struct Date tMyBirthday;

函数类型	前　缀	举　例
通用函数(common)	cm	int cmGetSum(int ix, int iy);
图形函数(image)	img	void imgDrawLine (int ix1, int ix2, int y1, int y2, int iColor);

附录 D 输入输出格式符

1. scanf 函数的输入格式符

转换说明符	意 义
%c	把输入解释成一个字符
%d	把输入解释成一个有符号十进制整数
%e,%f,%g,%a	把输入解释成一个浮点数(%a 是 C99 标准)
%E,%F,%G,%A	把输入解释成一个浮点数(%A 是 C99 标准)
%i	把输入解释成一个有符号十进制整数
%o	把输入解释成一个有符号八进制整数
%p	把输入解释成一个指针(一个地址)
%s	把输入解释成一个字符串：输入的内容以第一个非空白字符作为开始，并且包含直到下一个空白字符的全部字符
%u	把输入解释成一个无符号十进制整数
%x,%X	把输入解释成一个有符号十六进制整数

2. printf 函数的输出格式符

转换说明	输 出
%a	浮点数、十六进制数字和 p–记数法(c99)
%A	浮点数、十六进制数字和 P–记数法(c99)
%c	一个字符
%d	有符号十进制数
%e	浮点数、e–记数法
%E	浮点数、E–记数法
%f	浮点数、十进制记数法
%g	根据数值不同自动选择%f 或%e。%e 格式在指数小于–4 或大于等于精度时使用
%G	根据数值不同自动选择%f 或%E。%E 格式在指数小于–4 或大于等于精度时使用
%i	有符号十进制整数(与%d 相同)
%o	无符号八进制整数
%p	指针

续表

转换说明	输　　出
%s	字符串
%u	无符号十进制整数
%x	使用十六进制数字0f的无符号十六进制整数
%X	使用十六进制数字0F的无符号十六进制整数
%%	打印一个百分号

1. 标准输入输出函数 stdio.h

函数名称	功　　能	用　　法
scanf	用于格式化输入	int scanf (char format[,argument,…])
printf	用于格式化输出	int printf (char * format…)
putch	输出字符到控制台	Int putch(int ch)
putchar	在 stdout 上输出字符	Int putchar (int ch)
getchar	从 stdin 流中读字符	int getchar (void)
fclose	关闭 fp 所指向的文件，释放文件缓冲区	int fclose (fp)
feof	检查文件是否结束	int feof (fp)
fgetc	从 fp 指向的文件中取一个字符	Int fget (fp)
fgets	从 fp 指向的文件中取一个长度为 n—1 的字符串，存入以 buf 为起始地址的存储区中	char * fgets(buf,n,fp)
fopen	以 mode 指定的方式打开以 filename 为文件名的文件	file * open(filename,mode)
fprintf	将 args 的值以 format 指定的格式输出到 fp 所指向的文件中	int fprintf(fp,format,arg,…)
fputc	将字符 ch 输出到 fp 指向的文件中去	int fputc(ch,fp)
fputs	将 str 指向的字符串输出到 fp 所指向的文件中	int fputs(str,fp)
fread	从 fp 指向的文件中读长度为 size 的 n 个数据项，存放在 fp 所指向的储存区中	int fread(pt,size,n,fp)
fscanf	从 fp 所指向的文件的中按 format 规定的格式将输入的数据存入 args 所指向的内存中去	int fscanf(fp,format,args,…)
fseek	将 fp 所指向的文件的指针移到以 base 所指向的位置为基准，以 offset 为位移量得位置	int fseek(fp,offset,base)
getw	从 fp 指向的文件中读取下一个字	int getw(fp)
putw	将一个字输入 fp 所指向的文件去	int putw(w,fp)
open	以 mode 设定的格式打开已经保存的名为 filename 的文件	int open(filename,mode)
rewind	将 fp 指向的文件的位置指针设置为文件开头位置，并清除文件结束标志和错误标志	void rewind(fp)
write	从 buf 指向的缓冲区输出 count 个字符到 fp 所指向的文件中	int write(fp,buf,count)

2. 数学函数 math.h

函数名称	功　　能	用　　法
sin	计算 sin(x)的值	double sin(doubie x)
cos	计算 cos (x)的值	double cos(double x)
exp	计算 e 的 x 次方	double exp(double x)
fabs	计算 x 的绝对值	double abs(double x)
fomd	计算整数 x/y 的余数	double fmod(x,y)
ceil	计算不小于 x 的最小整数	double ceil(x)
floor	计算不大于 x 的最大整数	double floor(x)
pow	计算 x 的 y 的次方	double pow(x,y)
sqrt	计算 x 的平方根	double sprt(x)
tan	计算 tan (x)的值	double tan(double x)

3. 字符函数 ctype.h

函数名称	功　　能	用　　法
isalnum	检查变量 ch 是否是数字或者字母	int isalnum(ch)
isalpha	检查 ch 是否为字母	int isalpha(ch)
isalpha	检查 ch 是否是数字（0~9）	int isalpha(ch)
isgragp	检查 ch 是否是可打印字符(其 ASCII 码值间 0x21~0x7e，不含空格)，是则函数返回值为 1 否者返回值为 0	int isgragp(ch)
islower	检查 ch 是否为小写字母，是则函数返回值为 1 否者返回值为 0	int islower(ch)
isupper	检查 ch 是否为大写字母，是则函数返回值为 1 否者返回值为 0	int isupper(ch)
tolower	将 ch 字符转换为小写字符	int tolower(ch)
toupper	将 ch 字符转换为大写字符	int toupper(ch)

4. 字符串函数 string.h

函数名称	功　　能	用　　法
strcat	将字符串 str2 接到 str1 后面，str1 字符串后面的'\0'自动取消	char * strcat(str1,str3)
strcmp	比较两个字符串，str1<str2，返回值为负数 str1=str2，返回值为 0 str1>str2，返回值为整数	char strcmp(str1,str2)
strcpy	将 str2 指向的字符串拷贝到 str1 中去	int * strcpy(str1,str2)
strlen	计算 str 的长度(不包含'\0')，返回值为字符的个数	unsigned int strlen(str)

5. 动态存储分配及控制台输入输出函数 conio.h

函数名称	功　　能	用　　法
calloc	分配 n 个大小为 size 字节的连续内存空间	void * calloc(n,size)
free	释放 p 所占的内存区	void free(p)
malloc	连续 n 个字节的内存分配	void * malloc(size)
getche	有回显接收键盘输入的一个字符	int getche(void)
getch	无回显接收键盘输入的一个字符	int getch (void)

参 考 文 献

[1] [美]Stephen Prata. C Primer Plus 中文版[M]. 5 版. 云颠工作室，译. 北京：人民邮电出版社，2005.

[2] 李铮，王德俊. C 语言程序设计基础与应用[M]. 2 版. 北京：清华大学出版社，2009.

[3] 李培金. C 语言程序设计案例教程[M]. 2 版. 西安：西安电子科技大学出版社，2008.

[4] 田湛君，郭晓利. C 语言简明教程[M]. 大连：大连理工大学出版社，2008.

全国高职高专计算机、电子商务系列教材推荐书目

【语言编程与算法类】

序号	书号	书名	作者	定价	出版日期	配套情况
1	978-7-301-13632-4	单片机 C 语言程序设计教程与实训	张秀国	25	2011	课件
2	978-7-301-15476-2	C 语言程序设计(第 2 版)(2010 年度高职高专计算机类专业优秀教材)	刘迎春	32	2011	课件、代码
3	978-7-301-14463-3	C 语言程序设计案例教程	徐翠霞	28	2008	课件、代码、答案
4	978-7-301-16878-3	C 语言程序设计上机指导与同步训练(第 2 版)	刘迎春	30	2010	课件、代码
5	978-7-301-17337-4	C 语言程序设计经典案例教程	韦良芬	28	2010	课件、代码、答案
6	978-7-301-09598-0	Java 程序设计教程与实训	许文宪	23	2010	课件、答案
7	978-7-301-13570-9	Java 程序设计案例教程	徐翠霞	33	2008	课件、代码、习题答案
8	978-7-301-13997-4	Java 程序设计与应用开发案例教程	汪志达	28	2008	课件、代码、答案
9	978-7-301-10440-8	Visual Basic 程序设计教程与实训	康丽军	28	2010	课件、代码、答案
10	978-7-301-15618-6	Visual Basic 2005 程序设计案例教程	靳广斌	33	2009	课件、代码、答案
11	978-7-301-17437-1	Visual Basic 程序设计案例教程	严学道	27	2010	课件、代码、答案
12	978-7-301-09698-7	Visual C++ 6.0 程序设计教程与实训(第 2 版)	王　丰	23	2009	课件、代码、答案
13	978-7-301-15669-8	Visual C++程序设计技能教程与实训——OOP、GUI 与 Web 开发	聂　明	36	2009	课件
14	978-7-301-13319-4	C#程序设计基础教程与实训	陈　广	36	2011	课件、代码、视频、答案
15	978-7-301-14672-9	C#面向对象程序设计案例教程	陈向东	28	2011	课件、代码、答案
16	978-7-301-16935-3	C#程序设计项目教程	宋桂岭	26	2010	课件
17	978-7-301-15519-6	软件工程与项目管理案例教程	刘新航	28	2011	课件、答案
18	978-7-301-12409-3	数据结构(C 语言版)	夏　燕	28	2011	课件、代码、答案
19	978-7-301-14475-6	数据结构(C#语言描述)	陈　广	28	2009	课件、代码、答案
20	978-7-301-14463-3	数据结构案例教程(C 语言版)	徐翠霞	28	2009	课件、代码、答案
21	978-7-301-18800-2	Java 面向对象项目化教程	张雪松	33	2011	课件、代码、答案
22	978-7-301-18947-4	JSP 应用开发项目化教程	王志勃	26	2011	课件、代码、答案
23	978-7-301-19821-6	运用 JSP 开发 Web 系统	涂　刚	34	2012	课件、代码、答案
24	978-7-301-19890-2	嵌入式 C 程序设计	冯　刚	29	2012	课件、代码、答案

【网络技术与硬件及操作系统类】

序号	书号	书名	作者	定价	出版日期	配套情况
1	978-7-301-14084-0	计算机网络安全案例教程	陈　昶	30	2008	课件
2	978-7-301-16877-6	网络安全基础教程与实训(第 2 版)	尹少平	30	2011	课件、素材、答案
3	978-7-301-13641-6	计算机网络技术案例教程	赵艳玲	28	2008	课件
4	978-7-301-18564-3	计算机网络技术案例教程	宁芳露	35	2011	课件、习题答案
5	978-7-301-10226-8	计算机网络技术基础	杨瑞良	28	2011	课件
6	978-7-301-10290-9	计算机网络技术基础教程与实训	桂海进	28	2010	课件、答案
7	978-7-301-10887-1	计算机网络安全技术	王其良	28	2011	课件、答案
8	978-7-301-12325-6	网络维护与安全技术教程与实训	韩最蛟	32	2010	课件、习题答案
9	978-7-301-09635-2	网络互联及路由器技术教程与实训(第 2 版)	宁芳露	27	2010	课件、答案
10	978-7-301-15466-3	综合布线技术教程与实训(第 2 版)	刘省贤	36	2011	课件、习题答案
11	978-7-301-15432-8	计算机组装与维护(第 2 版)	肖玉朝	26	2009	课件、习题答案
12	978-7-301-14673-6	计算机组装与维护案例教程	谭　宁	33	2010	课件、习题答案
13	978-7-301-13320-0	计算机硬件组装和评测及数码产品评测教程	周　奇	36	2008	课件
14	978-7-301-12345-4	微型计算机组成原理教程与实训	刘辉珞	22	2010	课件、习题答案
15	978-7-301-16736-6	Linux 系统管理与维护(江苏省省级精品课程)	王秀平	29	2010	课件、习题答案
16	978-7-301-10175-9	计算机操作系统原理教程与实训	周　峰	22	2010	课件、答案
17	978-7-301-16047-3	Windows 服务器维护与管理教程与实训(第 2 版)	鞠光明	33	2010	课件、答案
18	978-7-301-14476-3	Windows2003 维护与管理技能教程	王　伟	29	2009	课件、习题答案
19	978-7-301-18472-1	Windows Server 2003 服务器配置与管理情境教程	顾红燕	24	2011	课件、习题答案

【网页设计与网站建设类】

序号	书号	书名	作者	定价	出版日期	配套情况
1	978-7-301-15725-1	网页设计与制作案例教程	杨森香	34	2011	课件、素材、答案
2	978-7-301-15086-3	网页设计与制作教程与实训(第 2 版)	于巧娥	30	2011	课件、素材、答案

序号	书号	书名	作者	定价	出版日期	配套情况
3	978-7-301-13472-0	网页设计案例教程	张兴科	30	2009	课件
4	978-7-301-17091-5	网页设计与制作综合实例教程	姜春莲	38	2010	课件、素材、答案
5	978-7-301-16854-7	Dreamweaver 网页设计与制作案例教程(2010 年度高职高专计算机类专业优秀教材)	吴 鹏	41	2010	课件、素材、答案
6	978-7-301-11522-0	ASP .NET 程序设计教程与实训(C#版)	方明清	29	2009	课件、素材、答案
7	978-7-301-13679-9	ASP .NET 动态网页设计案例教程(C#版)	冯 涛	30	2010	课件、素材、答案
8	978-7-301-10226-8	ASP 程序设计教程与实训	吴 鹏	27	2011	课件、素材、答案
9	978-7-301-13571-6	网站色彩与构图案例教程	唐一鹏	40	2008	课件、素材、答案
10	978-7-301-16706-9	网站规划建设与管理维护教程与实训(第 2 版)	王春红	32	2011	课件、答案
11	978-7-301-17175-2	网站建设与管理案例教程(山东省精品课程)	徐洪祥	28	2010	课件、素材、答案
12	978-7-301-17736-5	.NET 桌面应用程序开发教程	黄 河	30	2010	课件、素材、答案
13	978-7-301-19846-9	ASP .NET Web 应用案例教程	于 洋	26	2012	课件、素材

【图形图像与多媒体类】

序号	书号	书名	作者	定价	出版日期	配套情况
1	978-7-301-09592-8	图像处理技术教程与实训(Photoshop 版)	夏 燕	28	2010	课件、素材、答案
2	978-7-301-14670-5	Photoshop CS3 图形图像处理案例教程	洪 光	32	2010	课件、素材、答案
3	978-7-301-12589-2	Flash 8.0 动画设计案例教程	伍福军	29	2009	课件
4	978-7-301-13119-0	Flash CS 3 平面动画案例教程与实训	田启明	36	2008	课件
5	978-7-301-13568-6	Flash CS3 动画制作案例教程	俞 欣	25	2011	课件、素材、答案
6	978-7-301-15368-0	3ds max 三维动画设计技能教程	王艳芳	28	2009	课件
7	978-7-301-14473-2	CorelDRAW X4 实用教程与实训	张祝强	35	2011	课件
8	978-7-301-10444-6	多媒体技术与应用教程与实训	周承芳	32	2011	课件
9	978-7-301-17136-3	Photoshop 案例教程	沈道云	25	2011	课件、素材、视频
10	978-7-301-19304-4	多媒体技术与应用案例教程	刘辉珞	34	2011	课件、素材、答案

【数据库类】

序号	书号	书名	作者	定价	出版日期	配套情况
1	978-7-301-10289-3	数据库原理与应用教程(Visual FoxPro 版)	罗 毅	30	2010	课件
2	978-7-301-13321-7	数据库原理及应用 SQL Server 版	武洪萍	30	2010	课件、素材、答案
3	978-7-301-13663-8	数据库原理及应用案例教程(SQL Server 版)	胡锦丽	40	2010	课件、素材、答案
4	978-7-301-16900-1	数据库原理及应用(SQL Server 2008 版)	马桂婷	31	2011	课件、素材、答案
5	978-7-301-15533-2	SQL Server 数据库管理与开发教程与实训(第 2 版)	杜兆将	32	2010	课件、素材、答案
6	978-7-301-13315-6	SQL Server 2005 数据库基础及应用技术教程与实训	周 奇	34	2011	课件
7	978-7-301-15588-2	SQL Server 2005 数据库原理与应用案例教程	李 军	27	2009	课件
8	978-7-301-16901-8	SQL Server 2005 数据库系统应用开发技能教程	王 伟	28	2010	课件
9	978-7-301-17174-5	SQL Server 数据库实例教程	汤承林	38	2010	课件、习题答案
10	978-7-301-17196-7	SQL Server 数据库基础与应用	贾艳宇	39	2010	课件、习题答案
11	978-7-301-17605-4	SQL Server 2005 应用教程	梁庆枫	25	2010	课件、习题答案

【电子商务类】

序号	书号	书名	作者	定价	出版日期	配套情况
1	978-7-301-10880-2	电子商务网站设计与管理	沈凤池	32	2011	课件
2	978-7-301-12344-7	电子商务物流基础与实务	邓之宏	38	2010	课件、习题答案
3	978-7-301-12474-1	电子商务原理	王 震	34	2008	课件
4	978-7-301-12346-1	电子商务案例教程	龚 民	24	2010	课件、习题答案
5	978-7-301-12320-1	网络营销基础与应用	张冠凤	28	2008	课件、习题答案
6	978-7-301-18604-6	电子商务概论（第 2 版）	于巧娥	33	2012	课件、习题答案

【专业基础课与应用技术类】

序号	书号	书名	作者	定价	出版日期	配套情况
1	978-7-301-13569-3	新编计算机应用基础案例教程	郭丽春	30	2009	课件、习题答案
2	978-7-301-18511-7	计算机应用基础案例教程(第 2 版)	孙文力	32	2011	课件、习题答案
3	978-7-301-16046-6	计算机专业英语教程(第 2 版)	李 莉	26	2010	课件、答案
4	978-7-301-19803-2	计算机专业英语	徐 娜	30	2012	课件、素材、答案

电子书(PDF 版)、电子课件和相关教学资源下载地址：http://www.pup6.cn，欢迎下载。

联系方式：010-62750667，liyanhong1999@126.com.，linzhangbo@126.com，欢迎来电来信。